好社区：
人民城市的微观尺度

GOOD COMMUNITY
THE MICRO SCALE OF PEOPLE'S CITIES

钟　律◎著
上海市政工程设计研究总院（集团）有限公司

中国建筑工业出版社

图书在版编目（CIP）数据

好社区：人民城市的微观尺度 = GOOD COMMUNITY
THE MICRO SCALE OF PEOPLE'S CITIES / 钟律著 .
北京：中国建筑工业出版社，2024. 7. -- ISBN 978-7
-112-30013-6

Ⅰ . TU982.251

中国国家版本馆 CIP 数据核字第 20242M9K23 号

值此上海市政工程设计研究总院 70 周年庆典，本书记录了总院在城市更新的卓越历程，让设计超越功能，成为连接人与城市、传统与现代、自然与人文的“桥梁”。

责任编辑：毕凤鸣
责任校对：张惠雯

好社区：人民城市的微观尺度
GOOD COMMUNITY　THE MICRO SCALE OF PEOPLE'S CITIES
钟　律　著
上海市政工程设计研究总院（集团）有限公司
*
中国建筑工业出版社出版、发行（北京海淀三里河路 9 号）
各地新华书店、建筑书店经销
北京雅盈中佳图文设计公司制版
天津裕同印刷有限公司印刷
*
开本：965 毫米 ×1270 毫米　1/16　印张：10¼　字数：167 千字
2024 年 6 月第一版　2024 年 6 月第一次印刷
定价：**156.00** 元
ISBN 978-7-112-30013-6
（43132）
版权所有　翻印必究
如有内容及印装质量问题，请与本社读者服务中心联系
电话：（010）58337283　QQ：2885381756
（地址：北京海淀三里河路 9 号中国建筑工业出版社 604 室　邮政编码：100037）

《好社区：人民城市的微观尺度》编委会

主　　任：钟　律

副 主 任：张翼飞　郑毓莹

特邀专家：陈海云

参　　编（按拼音排序）：

陈　英　陈子薇　冯琤敏　付苏晨　贺文雨

蒋文彬　孙　迪　王国锋　卢　琼　邵奕敏

孙小溪　章俊骏　张怡琳

序

读《好社区》

社区是生活在同一区域内、具有共同意识和共同利益并在生活上相互关联的社会群体，是宏观社会的具体表现。有一位从事城市规划研究的学者说过："城市实质上就是人类的化身。"社区正是体现了人类的化身，是城市中的城市，是城市的基本组成单元，是城市的基本空间和物质组成，是社会生活的共同体，是集体与邻里组成的聚落，是人们的居住环境。

根据希腊裔美国得克萨斯大学建筑学教授安东尼·亚德斯关于规划的理想所述："城市规划是将城市社区作为一个整体发展的智力预想，它用一种合乎功能的、物质形式迷人的、社会方面平衡的、公正的以及经济上可行的方式。这点必须根据所说社区的目的和目标来做到。"对待社区空间环境的态度映照出社会对环境的态度和价值观，社区是人们为自己选择的小世界，社区也意味着人们与居住环境之间的一种有意义的关系，人们的居住环境有着重要的社会和文化意义，社区就是我们栖居的家园。

人就是历史，每个人都是一部历史，而这部历史总是与生活的空间有着千丝万缕的联系。每个人的生活都是与具体的街道和房屋的空间形象联系在一起的，这里有他儿时的梦想、成年时的记忆，他所居住和工作的街区、学校、广场、花园和房子，每一条街巷、每一片弄堂、每一处建筑、每一扇窗户、每一方花园、每一株树木、每一块砖石，无不记述着人们的历史和文化。法国哲学家巴什拉在《空间的诗学》中说："家宅的各种形象进行着双向的运动，在它来到我们心中的同时，我们也来到它们中。"人们塑造了社区，社区也塑造我们，一代又一代人就在这样的社区空间和记忆中生活、工作并成长着。

我们现在通常所说的社区，指的是生活圈社区，也就是居住社区。例如现在所提倡的“完整社区”，包括基本公共服务设施完善、便民商业服务设施健全、市政配套基础设施完备、公共活动空间充足、物业管理全覆盖以及社区管理机制健全等目标。社区是多元的、异质的、丰富多彩的，而好社区则有许多共同点。好社区是人们追求和谐共生的理想图景，它既是内心对归属感、安全感与相互尊重的追求，又是对外在环境美好、有序与持续发展愿景的映照。社区的意义不仅限于我们现行行政治理体制下的“街道”，而是地域和功能的概念，还应当包括生活圈、商圈、商务区、大学园区、工业园区等。其共同特点是功能和市政配套及服务设施完善，是生活、学习和工作的场所。《好社区》中所叙述的居民导向的完整社区、可持续发展生态社区、精细化管理品质社区、交通与步行友好型社区、艺术与创意融入人文社区等，已经拓展了社区的概念。

《好社区》告诉我们，好社区不仅提供了物质得以存在的空间，更是精神向往的港湾，它是个体与集体、自我与他者、人与自然和谐相处的微观宇宙。在好社区中，个体不只是简单的居住者，也是共同体的参与者、创造者与守护者。他们共同织造着一张张互助与关怀的社会网络，促进了社区成员之间的有效沟通与和谐相处。正如《好社区》所说，好社区的意义不仅在于物质条件的充裕与完善，更在于精神价值和文化内涵的丰富。它教导我们如何去爱、去服务和去贡献，倡导一种超越自我的生活方式，促使我们在共同的价值观念和目标下团结协作，共同促进社区的繁荣与持续发展。

好社区的概念承载着人们对美好生活方式的追求，它要求我们深刻理解合作与共享的重要性，也启示我们追寻和维护生活环境的和谐，培养负责任和具有远见的公民意识。在这个过程中，我们不仅富裕了自己的生活，也为后代提供了一个充满希望和潜力的世界。正如钟律城市规划师所说："城市不仅是人类居住的空间，更是文化与自然的交汇点。"

《好社区》有许多精辟的思想，书中指出："微观尺度的城市规划关注的是人的尺度、街道的宽度、公园的角落、邻里的互动。一个好的城市形态不是由大楼的高度决定的，而是由公共空间的质量和人们的幸福感决定的，微观尺度的设计决定了日常生活的舒适度。在人民城市中，每个社区都应当是生活的舞台。"

《好社区》列入了许多优秀的案例，包括地区范围和社区范围的各种规模、各种类型的城市更新。书中叙述了许多理念和设计创意，实现"小改造，大优化"，让人们亲近自然，融入环境，激发思想。《好社区》指出："在一个由创新定义的全球化时代，一个世界级城市需要一批善于创新的市场主体和专业人才来聚集。文化是一个民族凝聚力和创造力的重要源泉，也是一座城市最鲜明的气质和品格。"

《好社区》告诉我们，什么是好社区，好社区是怎样形成的，好社区不仅要有物质的层面，更要有精神的层面，既是物质的空间，更是精神向往的场所。好社区是注重环境生态和社会生态的空间，是注重公共艺术的空间，将设计融入生活，提高空间品质，创造属于居民生活的社区，建造可持续发展的生态社区，提高精细化管理品质的社区，塑造交通与步行友好型的社区，将艺术与创意融入的人文社区，形成涉及日常生活圈的生活空间和公共空间。

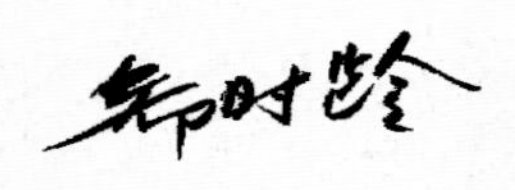

前言

城市规划的微观尺度要求我们聆听社区的声音，因为最好的专家是那些生活在其中的人们。

完整社区的机遇和意义

近年来，上海积极贯彻落实关于开展“完整社区”试点建设的工作部署，聚焦为民、便民、安民服务，着力推进打造一批设施完善、环境宜居、服务智能、管理有序的完整社区样板。本书选取上海城市微更新中对系列社区案例实践的剖析，将小微尺度的公共空间作为城市设计的关注点。采用“绣花”功夫进行织补式更新的精神，发掘小型、微型公共空间的潜力与价值，打造能容纳居民多样活动的、充满生机的场所。系列案例分别从使用者行为、心理感受、文化习惯等多角度进行阐述。

党中央、国务院高度重视社区建设和治理工作，习近平总书记指出，“社区虽小，但连着千家万户，做好社区工作十分重要”，2023 年初召开的全国住房和城乡建设工作会议提出，“牢牢抓住让人民群众安居这个基点，以努力让人民群众住上更好的房子为目标，从好房子到好小区，从好小区到好社区，从好社区到好城区，进而把城市规划好、建设好、治理好”，部署“开展完整社区建设试点”，“打造一批完整社区样板”。

“完整社区”作为行业指南，纳入了地方实践，建章立制、落地生根。以这些开端性的工作为基础，社区生活圈规划将作为城市微观尺度，逐步成为完整的实践体系，为城市治理而服务，为人民生活而服务，进而落实到便民生活圈、安民生活圈、乐民生活圈，从社区生活圈逐步拓展到城市生活圈，随着城市社区治理联动规划，将促进城市的共建、共治和共享。

“好社区”注重社区中的“人”，获取社区居民的意愿，或通过协同工作的方式落实“公众参与”。“好社区”概念的核心是“生活”，即人们的日常行为。“好社区”理念正在融入我们的城市更新，成为人本城市建设的重要一环，回应了人的价值与人的需求，持续进行自我创新。

目录

第1章

居民导向的完整社区

“居民导向的完整社区”通常指的是一种社区设计理念，旨在构建一个满足居民多元化需求、生活方便、环境友好并促进健康和幸福感的居住环境。这种社区通常包括以下特点：

1. 混合用地：居民导向的社区往往是住宅、商业、办公和娱乐设施的混合，这样居民可以步行或骑行到达日常所需的大部分地点，降低对汽车的依赖。

2. 完善的基础设施：社区内设有完备的公共设施，如公园、学校、医疗中心、社区中心等，方便居民获得必要的服务。

3. 高效的交通系统：公共交通连接便捷，以及鼓励步行和自行车出行的设施，如自行车道、人行道和慢行街区。

4. 绿色空间和公共空间：提供充足的绿地和开放空间，为居民提供休闲娱乐、运动锻炼和社交互动的场所。

5. 安全性和包容性：社区设计注重安全性，并致力于建立一个对不同年龄、收入和背景的居民都开放和包容的环境。

6. 政策和治理：鼓励居民参与社区的规划和治理过程，促进社区的民主和透明化管理，以确保政策和项目能够真正符合居民的需求和愿望。

社区不仅是生活的空间，更是居民实现自我价值、社会交往和文化发展的场所。通过这种居民导向的规划，可以帮助构建更具凝聚力和幸福感的社区。

案例解析

百年社区——上海淡水路完整社区

（入选 2023 全国首批完整社区建设试点名单）

指导单位：住房和城乡建设部
上海市黄浦区人民政府

建设单位：上海市黄浦区淮海中路街道办事处

总设计师：钟　律

景观设计：张翼飞　冯琤敏　刘　然　游岚彬　陈子薇
韩玥枫　侯丁琳

策划设计：冯琤敏　陈子薇　徐迪航

建筑设计：孙　迪　丁　琳

电气设计：杨　梅

技术经济：王海杨

■ 淡水路社区概述

淡水路社区位于上海市中心城区核心区域（淮海中路街道西部），四至范围是：金陵西路—马当路—建国东路—重庆南路，占地面积0.33平方公里。区域由6个居民区组成，周边有27个大小不一、类型多样的居民社区，实际居住人口8499人（数据截至2024年2月），其中老年人口占比37.83%。淡水路社区涵盖大型商业体、医院、学校、绿地及文物保护单位和优秀历史建筑等若干公服配套设施[①]，人文底蕴深厚、业态布局合理，使得淡水路社区在完整社区建设方面具有一定的优势，具体表现在：

一是区位优势良好。淡水路社区位于中央活动区，是《黄浦区空间布局"十四五"规划》中"双核驱动"[②]地区之一，有着得天独厚的地理优势。淡水路社区周边交通发达，南北高架通衢，轨道交通1号、14号、10号、13号线在此交汇，社区周边步行300米范围内有12个公交站点。

二是历史底蕴深厚。根据《上海市衡山路—复兴路历史文化风貌区保护规划》——"功能结构规划图"，淡水路社区所在的"太仓路—黄陂南路—合肥路—重庆南路"合围区域为衡复历史文化风貌区，区内串联起淮海路、新天地、思南公馆等文化地标，被誉为"衡复之源"。淡水路社区作为百年梧桐社区，民国时期很多商界和文化界名人曾在此居住或在周边活动。淡水路社区沿线及其周边有41处重点文物保护单位和文物保护点，包含中共一大会址、《中国青年》编辑部旧址、陈云旧居、上海工人第三次武装起义发布命令地点等，多处重要红色遗址遗迹串珠成链，具有重要历史意义。

三是各类业态丰富。淡水路社区毗邻新天地和淮海中路商圈，区域周边"五型经济"特征明显、现代服务业发达，首店经济、首发经济、夜间经济等各种新业态互促共荣。根据实地调研，淡水路社区0.33平方公里内有近百家特色小店，包含理

① 公服配套设施情况如下：有政府机关1处（区人大、区政协机关）、医院2所（卢湾中心医院、淮海中路社区医院）、学校7所（淮海中路小学、交大附属黄浦实验小学、交大附属黄浦实验中学、卢湾一中心小学、交大医学院、复兴中路第二幼儿园、重庆南路幼儿园）、公园绿地2处（四明绿地、追梦园）、周边文物保护单位及优秀历史建筑41处（中共一大会址、《中国青年》编辑部旧址、陈云旧居、上海工人第三次武装起义发布命令地点等）、大型商业体3处（中环广场、SOHO复兴广场、恒基旭辉天地）、宗教场所1处（诸圣堂）、各类沿街商铺48家。

② 双核驱动："双核"分别为南京东路—人民广场地区和淮海中路—新天地地区。

发店、便利店、书店、花店、咖啡馆等多元业态，充满了城市烟火气。

四是功能布局完整。淡水路社区北部（自忠路以北区域）主要集中商办及医疗绿地，配套丰富休闲购物体验系统，形成高端商圈与社区良性互动；南部（自忠路以南区域）有大量居住用地（以老旧住宅为主）以及学校。根据“十四五”规划，未来五年，淡水路社区内居住、商办、其他类公建配比均衡，趋向于1：1：1。

五是治理基础扎实。街道自2015年便实行东、中、西三个网格片区工作责任制，成立党建片区联合党委，由街道处级干部担任负责人。淡水路社区作为其中之一，经过历年发展，治理机制不断完善商户联盟、物业联盟、校园联盟、儿童议事会等各类平台，平台载体丰富，市域社会治理成效显著。

淡水路街区实景

■ 淡水路“完整社区”主题特色

围绕淡水路社区深厚的历史文化基因，把生活与文化做连接，筑就美好生活社区的场景故事。

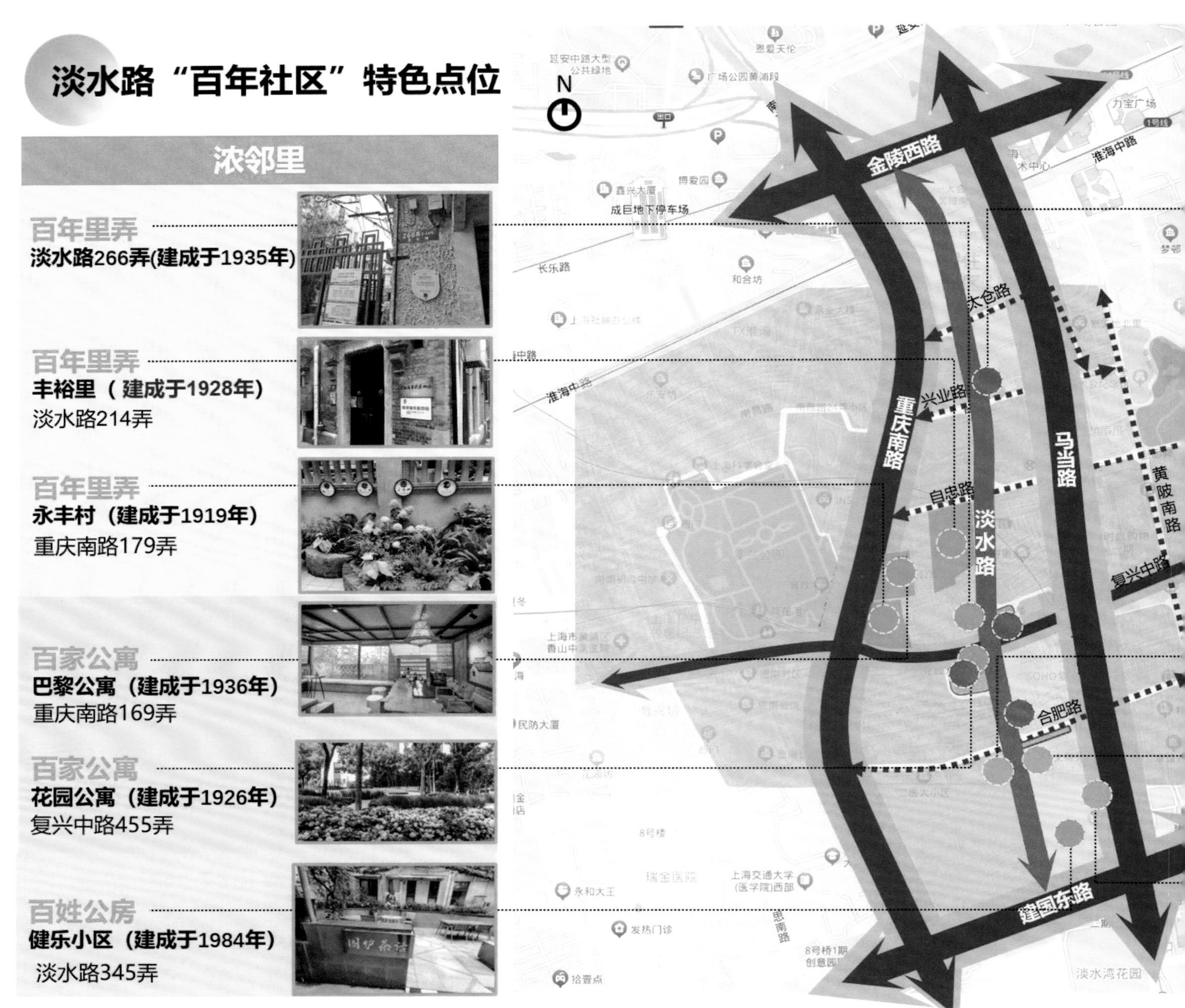

“百年社区 · 浓情故事”

浓生活

百味时光——社区花园食堂

打破传统食堂印象，创造更舒适、开放的用餐 & 社交场所，成为吸引全龄市民的社区客厅和活动中心。

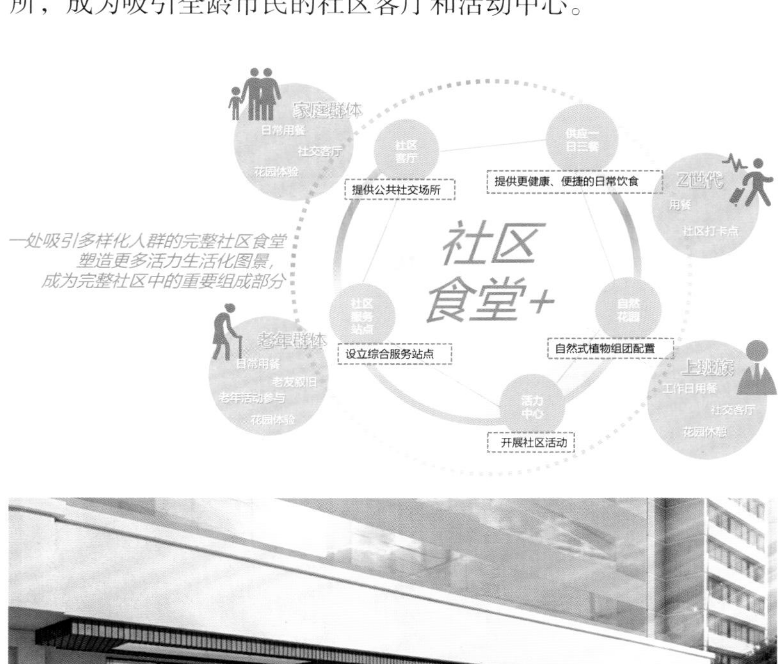

社区食堂效果图

浓生活

百众关怀——零距离家园

“淮海家·零距离家园”位于淡水路372号，是街道打造的首个街区零距离家园示范型阵地，内设公益咖啡、亲子画室、开放厨房、共享自习室、街区议事厅、服务大篷车等丰富功能，能够有效弥补原有服务场所在功能上的不足，与周边的社区食堂、为老服务中心、文化墙等连点成线，擦亮了淡水路街区的幸福底色。

零距离家园实景

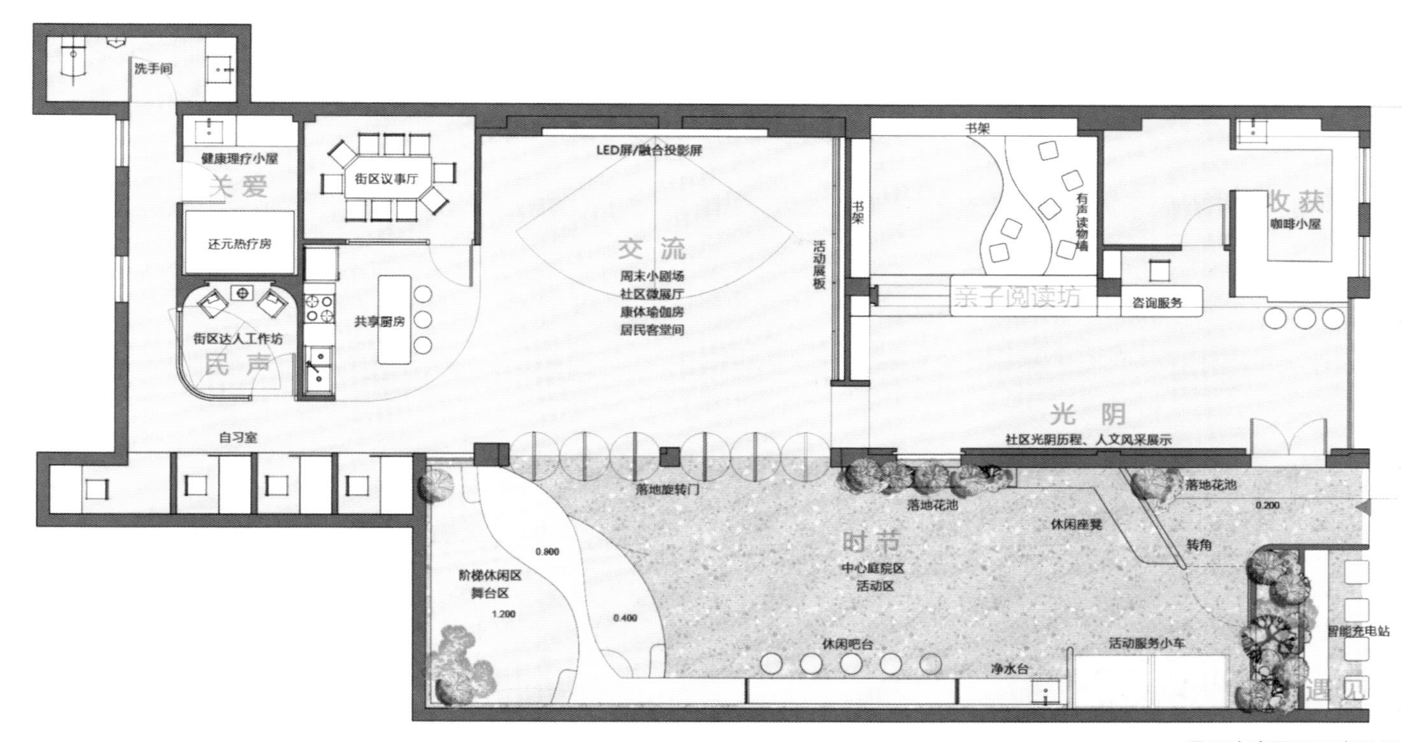

零距离家园平面布局图

零距离家园实景

浓生活

百众关怀——书香漂流站

书香漂流站——可持续社区生活样本，旨在倡导低碳 + 多元 + 精致的全民阅读共享计划。构建优质社群内容“供应链”，形成良好的公益文化“生态圈”，实现社区的可持续教育，倡导未来的生活方式。

“书香漂流站 +X”模式，开创文艺社交新体验

以流动式的借阅共享服务为主体，同时驿站引入延展性活动功能，丰富社群居民的文化体验。

书香漂流站效果图 1

让一本好书被更多人遇见

由中国城市出版社捐赠的适合市民阅读的图书，汇集到书香漂流站，实现循环共享，借阅交流，让闲置好书流动起来。同时，驿站内提供便民化的精致、温情小型阅读空间。

艺术策源 / **快闪工作、驻地创作、共享交流、创业孵化**

流动展陈 / **动态化的人文艺术策展与阅读驿站进行联动**

文创快闪 / **挖掘街区文化底蕴，创意设计形成文创产品和特色空间**

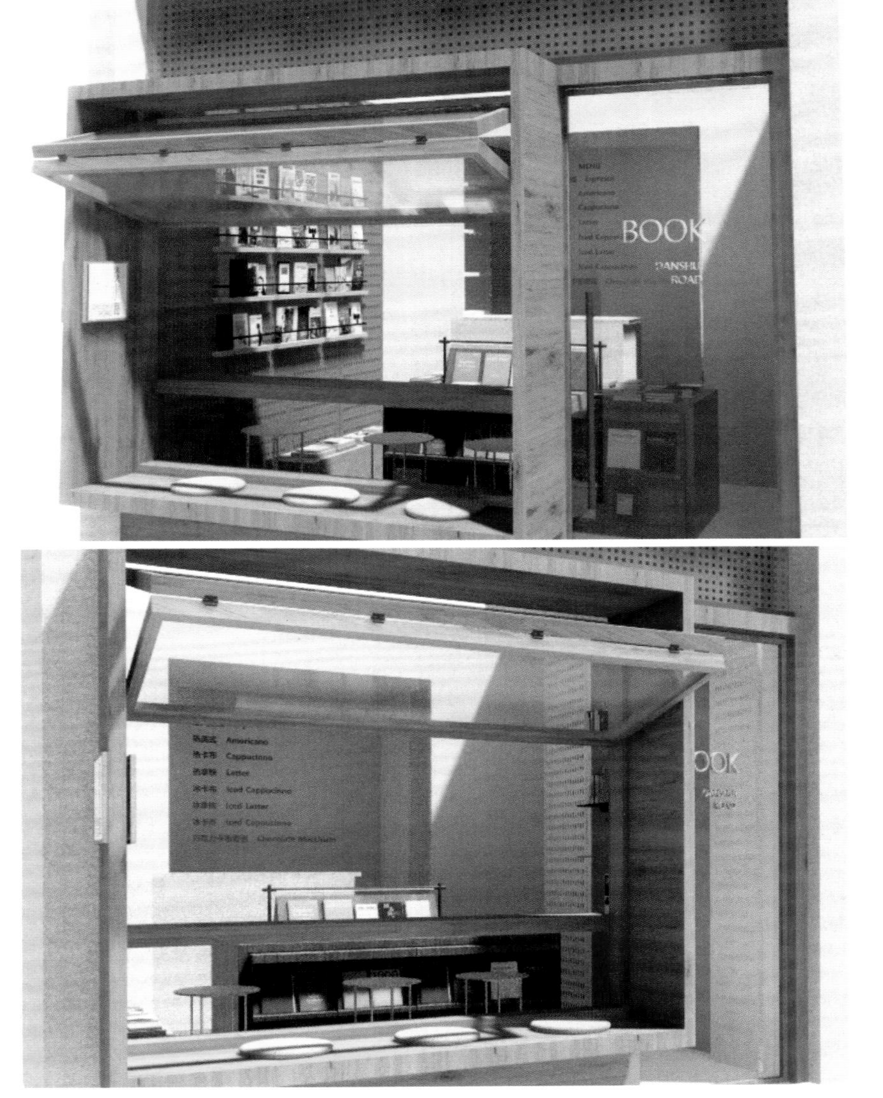

书香漂流站效果图 2

浓生活

百态乐享——上海市示范社区文化活动中心

中心集文化活动、教育培训、科普辅导、体育健身、展览展示等功能于一体，设有剧场、亲子苑、古风教室、健身房、名人工作室、多功能厅、排练厅、图书馆等近 30 项活动项目。

淮海社区之家

一个集浓郁文化底蕴和时尚摩登风格为一体的文化中心。

古风教室

亲子苑

排练厅

文化活动

浓邻里

百年里弄——丰裕里（建成于 1928 年）

淡水路 214 弄——建于 1928 年的丰裕里，是经典的上海石库门建筑。1928 年，一位山东富商在自忠路西端出资建造山东同乡会和齐鲁中学，并在其东侧建造了占地面积 9847 平方米，建筑面积 11524 平方米的弄堂——丰裕里。丰裕里为南北一主弄，东西七支弄，共 99 个门牌号码。行人进出基本上走淡水路 214 弄口，车辆则由自忠路的北弄口进出。97 号和 98 号间西侧围墙上有小门与隔壁的四维新邨相通。

丰裕里是上海少有未经过变动的石库门建筑，里头的弄堂很深，四通八达，通往各个出入口。丰裕里 4 号是诗人艾青旧居，214 弄 98 号 2 楼则是画家陶冷月旧居。淡水路 91 弄 15 号是“七君子之一”沙干里旧居。淡水路 190 号是萧军、萧红旧居。淡水路 192 号是八路军驻沪办事处旧址。淡水路 196 号是胡也频、丁玲旧居。淡水路 204 号是沈从文和胡也频、丁玲创办的红黑出版社旧址。当年，各类思潮在此生根发芽，见证无数黄金岁月。

◆ 安全性好

设有一字形扶手、防滑地面、便携式折叠凳等，降低失能人员沐浴时因体力不支及地滑产生的安全隐患。

◆ 功能区完备

助浴室干湿分离，设有淋浴花洒、更衣区及休息区。

◆ 设施设备

配备助浴椅、换鞋凳、温（湿）度计、吹风机、拖鞋等用品，为洗浴基本不能自理或完全丧失洗浴能力的老年人送去社会关爱。

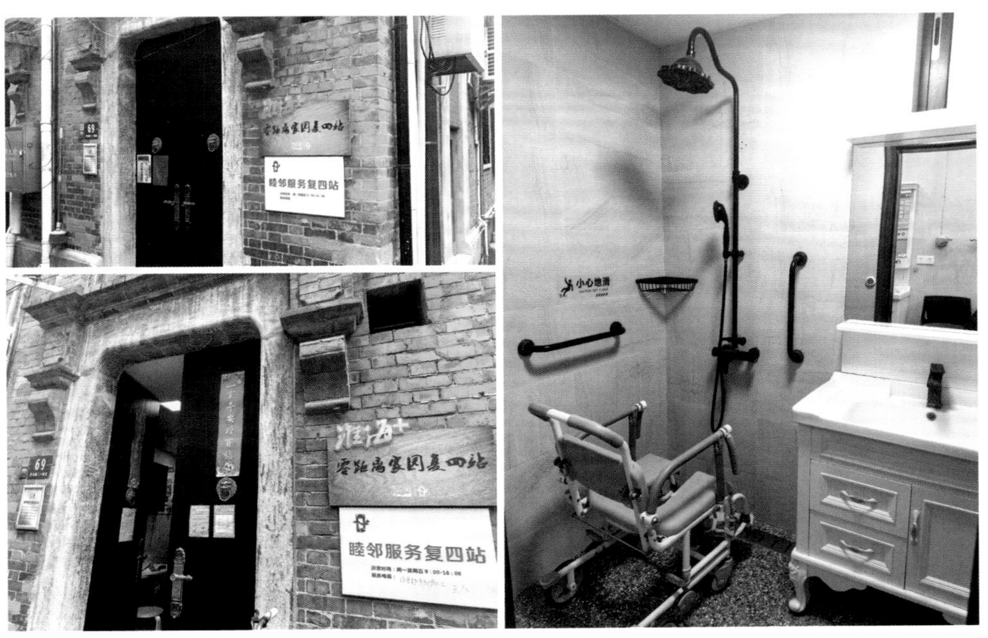

丰裕里内老人助浴睦邻点

丰裕里（98号复四睦邻点）：“丰邻”弄管会办公场地

开展复四居民区“丰裕同舟，商居共行”自治项目，搭建商居治理工作的组织管理与平台。

复四居委丰邻弄管会将围绕“赋权、减负和增能”三个方面，尝试建立常态化的有效沟通机制，推动沿街商户代表与弄管会的结对，在街道办事处和第三方社会组织的指导下，引导建立商户自律公约，督促商户规范运营，创造商居和谐的街区氛围，助力打造更加多元、有生机的淡水路，提升“一街一路”的软实力。

浓邻里

百年里弄——永丰村（建成于 1919 年）

重庆南路 179 弄 1-10 号

竣工于 1919 年，为砖木结构建筑，是较早的公寓里弄住宅。弄内南部为点式公寓，北部为毗邻式公寓，南立面顶层退出平台。单元间风火墙上烟囱和檐口山墙花为立面造型特征。

永丰村实景

长者康养运动驿站 + 模块式种植

永丰村内长者康养运动驿站

淡水路 66 弄 4 号

淡水路 332 弄 1 号

浓邻里

百年里弄——名人印记

淡水路 66 弄 4 号

《中国青年》编辑部旧址（建成于 1923 年）

淡水路 91 弄祥茂新邨

沙千里旧居（建成于 1940 年的新式里弄）

淡水路 190 号

萧红、萧军旧居

淡水路 196 号

丁玲、胡也频旧居（建成于 20 世纪 20 年代初）

淡水路 214 弄丰裕里 4 号

左翼美术家联盟在此活动（建成于 1928 年）

淡水路 214 弄丰裕里 98 号

陶冷月旧居（建成于 1928 年）

淡水路 219 号

黄宾虹旧居

淡水路 192 号

八路军驻沪办事处

淡水路 266 弄 6 号（建成于 1935 年）

区文物保护点

淡水路 268 号

原红黑出版社旧址（建成于 20 世纪 20 年代）

淡水路 332 弄 1 号

中国农工民主党第一次全国干部会议会址（建成于 20 世纪 20 年代）

浓邻里

百家公寓——巴黎公寓（建成于 1936 年）

重庆南路 169 弄

1923 年由法商中国建业地产公司承建，1936 年竣工，四层钢筋混凝土结构，20 世纪 70 年代加盖一层，建筑约百米长，沿街而建，方正整齐，气势宏伟，又透露出法式建筑简洁、干练的气质。

巴黎公寓实景

浓邻里

百家公寓——花园公寓（建成于 1926 年）

原名派克公寓（复兴中路 455 弄 1–30 号）

建成于 1926 年，钢筋混凝土结构，大型多层公寓建筑。立面为纵三段式，设通长的水平向檐口和线脚，底层外立面做清水砖墙。窗口造型多样丰富，阳台配有精致的铁艺护栏，立面局部做简化的古典样式装饰。现为文物保护点。

花园公寓实景 1

花园公寓实景 2

花园公寓内改造前问题分析

花园公寓更新设计效果图

浓邻里

百姓公房——健乐小区（建成于 1984 年）

淡水路 345 弄

围炉茶话

新建葡萄架，在葡萄藤旁放置茶桌、板凳、遮阳伞等设施，腾出空间，建成崭新的“围炉茶话”，使社区居民在这里喝茶、聊天，打造睦邻友好的新去处。

“围炉茶话”改造前

“围炉茶话”改造后

多功能少儿科普空间

营建社区多功能少儿科普空间，通过科普展品与互动项目等吸引社区少年儿童参与体验，让孩子们在互动中感知科技魅力，拓宽学习视野。

健乐小区内多功能儿童科普空间

智能垃圾服务站

对垃圾进行精细化管理，实现综合、完善、高效的垃圾投放、回收及利用；采用密封式的结构设计，密封坚固，满足室外使用需求，可防止异味和污染物外泄；具有定时自动消毒灭菌功能，可实现杀灭蚊蝇，垃圾自动除臭，有效控制垃圾站周围的环境。

健乐小区充电桩车棚

健乐小区门头改造后现状

健乐小区可回收物垃圾厢房

健乐小区门头改造前

社区休憩、健身场所改造后

浓街区

百花之路——全龄友好社区花园

淡水路景墙（交大医学院围墙）

塑造开放共创的街区博物馆

针对围墙周边绿化利用率低，改造后植入全龄街区理念，筑就可以阅读的街区场景。

交大医学院围墙改造前

“淡水路，可以很浓”主题景墙改造后实景

SOHO 绿地（淡水路—合肥路路口绿地）

海派绿韵 / 青年社交

复兴 SOHO 绿地，位于淡水路、合肥路路口，往北东侧 5 米处，总面积 140 平方米，可谓袖珍。原绿地功能单一，空间利用率低，缺乏市民、游客的参与和互动，来往过路的行人都是匆匆而过，不会逗留驻足。

现在社区居民走出家门，楼宇白领走下办公楼，就能步入公园、走进绿地，惬意、舒适……在寸土寸金之地打造口袋公园，在小尺度中精雕细琢，将绿色生态的获得感送到居民家门口、白领办公楼下。市民、游客和白领在街区中走累了，便可以到这里歇脚、充电和赏花。

SOHO 绿地改造前

SOHO 绿地改造后实景

浓街区

百工之路——淡水路街区便民维修服务工艺

便民服务贯穿淡水路街区沿线，依托街道党建联盟，综合拓展社区工匠艺人资源，构建社区便民服务平台，培育便民服务品牌项目。

- 家电维修
- 修理鞋履
- 洗衣熨烫
- 修磨刀剪
- 缝纫修补
- 修门开锁
- 单车维修

百商之路——淡水路街区商铺环境改造提升

有着浓郁的市井烟火的沿街商铺陆续改造提升，在百年社区中做到修旧如旧。

淡水路街区商铺改造效果图

儿童友好社区国际 ESG 示范

强调为儿童创造更好的生活环境的重要性，并将其与全球可持续性发展目标相结合。一个注重 ESG 的社区或组织，强调对环境的保护、对社会的正面贡献（如公平待遇、社区参与等）和透明、负责任的管理实践。

“儿童友好社区国际 ESG 示范”是指按照 ESG（环境、社会和治理）原则创建的社区，特别强调为儿童提供一个安全、健康和促进发展的环境。ESG（Environmental，Social and Governance）：是一套标准，用于指导公司和组织在可持续和负责任的投资决策中考虑环境保护、社会责任和治理结构的因素。将这些原则应用于社区建设，特别是为了满足儿童的需求：

（1）环境友好：社区在设计和运营中致力于最小化对环境的影响，保护自然资源，提供绿色空间和娱乐设施，确保空气和水质的安全，从而创造一个有益于儿童成长的环境。

（2）社会包容：社区设计考虑到儿童的多样性和包容性需求，提供平等访问教育、医疗、文化和体育设施的机会。这样的社区会支持家庭和儿童的社会福祉，倡导反欺凌政策和儿童参与社区建设的机会。

（3）治理结构：社区的管理和决策过程中会考虑儿童的权益，确保他们的声音能够被听到和尊重。同时，社区治理实现透明、负责任，确保所有措施都符合维护儿童最佳利益的国际标准和原则。

“儿童友好社区国际 ESG 示范”通常是指一个社区或项目：

■ 设计和维护环境优先考虑儿童的需求和权利。

■ 遵循国际上对于儿童友好环境的认可标准。

■ 在环境、社会和治理方面表现出色，可能作为一个模范案例，展示如何结合 ESG 原则以创造一个对儿童友好的社区。

■ 可能得到国际认可，成为其他社区或组织在创建或改善自己的儿童友好环境时的参考。

社区建设背景

上海市黄浦区淡水路社区，隶属于淮海中路街道，北起延安东路，南至建国东路，全长 1638.8 米，地处上海中央活动区的核心区域，具有丰富文化底蕴和城市资源。

淡水路始筑于清光绪二十八年（1902 年），曾历名“衡山路”“萨坡赛路”“南通路”“英士路”等，1950 年最终以台湾省地名改名淡水路并沿用至今。当初的法租界公董局规定新法租界地区东面为一般里弄住宅，西边以公寓、花园洋房为主，所以在当时造成了淡水路东西两侧有明显的贫富分界。

作为一条写满老上海记忆的马路，淡水路社区认真贯彻落实《关于进一步做好上海市儿童友好社区创建工作的通知》（沪妇儿工委〔2021〕7 号）精神，坚持儿童视角，以儿童优先为原则，以儿童需求为导向，不断完善工作机制，拓展服务阵地，整合服务项目，切实提升社区儿童服务能力，增强儿童及其家庭对社区的归属感、获得感和幸福感。

淡水路社区高度重视未成年人保护工作，认真贯彻《关于推进本市街镇未成年人保护工作站提质增能的通知》（沪未保办〔2023〕2 号）要求，在区民政局的指导下，坚持未成年人优先，紧紧围绕“素养、安全、心理、关爱、健康、实践”六个维度，全力打造爱伴同行六个品牌，并正式发布“六维六品，逐梦童行计划”，促进未成年人身心健康的全面发展。

上海市黄浦区淡水路社区作为完整社区，经过多年的努力奋斗，在儿童友好社区建设方面进行了历史性的探索，积累了众多宝贵的实践成果，这些成果结合城市 ESG 理论框架体系，通过系统性的研究总结和分享，可为全球社区提供具有重要价值的经验借鉴，将为落实 2030 年可持续发展目标及新城市议程分享淡水故事和中国方案。

社区儿童特点和需求

淡水路社区地处上海市中心，社区集合旧里、公房、商品房、高档住宅区等多类型住宅，人群需求差异较大。

（1）儿童人口各年龄层次较为平均

从目前人口数据显示，社区内各年龄层次的儿童分布平均，与辖区内拥有 3 家幼儿园、3 所小学、1 所初中的教育资源分布相匹配。

（2）儿童群体存在较大流动性

随着大规模旧改，户籍儿童逐渐迁出，人户分离程度日益加剧。结合旧改周期，实有人口儿童流动性较大，在一两年中将呈现断崖式下滑。

（3）儿童需求差异性较大

以老旧小区为主的儿童服务人群需求相对较为低端，包括教育指导、活动场地、课外看护等。以高端社区为主的儿童需求相对多元，他们注重隐私和高品质服务，需要个性化、定制化、高层次的项目和内容。

营造儿童友好社区

城市 ESG 下的儿童友好之【环境友好】

（1）Environmental（环境友好）——“1+9+X”多维儿童友好空间

◎ 规划引领，构建儿童友好 15 分钟社区生活圈层全覆盖

根据儿童服务场所“一中心多站点”的网络布局，以就近回应为原则，街道在辖区内建立“1+9+X”的儿童服务场地，即一个儿童服务中心，覆盖 9 个居民区的 14 个儿童之家和若干个儿童活动场所。立足儿童视角，以嵌入式、菜单式、分龄式服务，为儿童打造一个环境友好、设施齐全、服务完善的 15 分钟社区生活圈。

◎ 保障安全，构建儿童友好空间环境

与儿童相关的各类公共服务设施，如游憩设施、教育设施及各类空间，在规划和设计之初充分研究儿童不同年龄段的成长特点，注重儿童专类空间的分年龄安全标准建设，降低空间环境中的潜在风险。

设计安全，与儿童相关的各类设计注意细节，边界圆滑，其结构强度、刚度及稳定性满足正常使用下的各种功能要求，且满足最不利情况下的安全要求，同时考虑方便儿童施救工作的开展。

设施安全，注重与周围环境安全协同考量，如临水地带的落水、溺水防范，高空防跌落风险等，注重儿童的行为特征及成长特点。

监护安全，在儿童使用频率较高的公共服务设施和公共空间增加视频监控装置和紧急报警装置。场地设计应避免遮挡看护人的看护视线。设置便于儿童及看护人识别的标识系统，满足导向和警示需求。

◎ 城市更新同步，加快推进适儿化改造

淡水路正在推进城市更新——淡水路社区稳步推进城市更新进程中，将适儿化改造融入其中，同步于城市更新，提高居民的获得感。

居民对儿童幸福成长需求的提升，随着上海城市更新进程的加速和人们生活质量的不断提高，对于原有的儿童友好空间和休闲场所的要求也逐渐增多。传统的儿童友好空间往往设计简单、设施陈旧，不能满足现代社会对于儿童娱

乐、教育和健康的全方位需求。

新需求新空间的打造，加设公共服务设施中的母婴室、第三卫生间、安全设施及监控设施的改造和出行环境中无障碍设施、过街设施的适儿化改造，以及在现有空间场所中进行科普设施、小型无动力类互动设施和体育游戏设施的微改造。在条件允许的情况下，因地制宜进行儿童专属活动空间的增补。

通过适儿化改造加强社区与居民的联系，使儿童友好空间成为一个更具有吸引力和活力的场所。

（2）Environmental（环境友好）——协生农法方案

翠湖天地・隽荟（四期），位于济南路 260 弄，属于新天地板块，这里既是繁华热闹的旅游景点，也是豪宅林立的住宅区。四期会所中的天台农场项目与协生农法环境技术高度契合，构建标准的微型协生角。

◎ 绿色共生，降低对周边环境的影响

会所大厅放置 3 台微型协生角装置（室内 1 台、室外 2 台），会所天台农场：构建 11 处微型协生角种植收获区域 5 平方米，因地制宜，进行微小空间的改造。微型协生角在创造扩张型生态系统的同时，提供体验周围环境和互相交流的学习入口，将周围的绿地、风、雨、光以及其他生态环境链接在一起，让儿童可以感受丰富的生态系统。

◎ 生态友好，促进人类（特别是儿童）健康

协生农法连接儿童与生态系统的健康，通过体验的方式导入协生农法，结合不同主题邀请小区儿童、家长、其他居民及工作人员参与活动，从植物的栽培、种植、观察、收获、学习和交流角度开展活动。丰富居民和工作人员的业余生活，在感受植物生长和收获的同时，让儿童也体验大自然和生命的美好。

城市 ESG 下的儿童友好之【社会包容】

（1）Social（社会包容）——儿童全龄多样化服务

服务细化，凸显儿童全年龄友好，为了满足不同年龄段儿童的多样化需求，淡水路社区打造精准化对儿童服务清单。

◎ 0~6 岁（学龄前儿童）。开展早教亲子、科普体验和安全防护三类服务，如入园前早教、亲子读书会、小小交通警、爱的保护伞、儿童性早教等活动。

◎ 7~12 岁（学龄儿童）。主要提供科普教育、家庭教育两类服务，如科技夏令营、童书讲堂双语故事、儿童画语展、“对话祖辈”家长课堂等活动。

◎ 13~18 岁（青少年儿童）。主要提供科普和红色教育服务等，如红色遗址探访、急救小课堂、“四史”教育和知识竞答。

2023 年儿童节，淡水路社区尊重儿童行为特征，针对 0~3 岁儿童展开亲子活动——绘本阅读、麻布包 DIY 等。儿童动手，家长协助，一个个充满童真色彩和各自特色的作品呈现在眼前。同时组织小朋友与家长一起开展亲子游戏。现场氛围热闹又温馨。

淡水路社区为了帮助辖区青少年儿童培养读书兴趣，养成阅读的良好习惯，淮海中路街道未成年人保护工作站在淮海社区基金会的牵线搭桥下，与辖区二酉书店共建合作，打造淮海未成年人的一处阅读基地，通过开展丰富多彩的学习交流活动，提升“淮宝儿”们的社会归属感、适应感，伴着书香快乐成长。

（2）Social（社会包容）——区域特色儿童活动

依托辖区内的党群服务站和楼宇、企业提供的共享空间、公共设施空间，积极拓展服务儿童的阵地。

◎ 红色淮海主题。如位于淮海中路附近和新天地附近的党群服务中心和党群服务站，以红色淮海为主题，设立儿童红色经典书架，配置红色图书，传播红色文化。

2023 年 3 月，10 名淮海中小学生来到中共一大纪念馆参加“小小体验官”活动，通过聆听党史、阅读 VR 绘本等生动有趣的红色研学活动，接受了一场别开生面的红色文化教育。

◎ 白领母婴室。兰生大厦楼宇党群服务站设有服务亲子的专属母婴室和休闲活动区域，提供健康活动的场地面积达到 100 多平方米。

在共享空间里，兰生还特别用心地打造了“爱心母婴休息室”，并在区商务委的牵线下，由楼宇企业荷兰皇家菲仕兰赞助“美素佳儿”系列奶粉，借此为哺乳期的女员工解决实际困难。

◎ 儿童自然教育。淮海公园、太平湖、追梦园等公园绿地成为社区儿童开展科普自然教育的重要场所。

2023 年，淡水路社区的公园“无界”融合将继续推进深化。淮海公园改造，辖区内绿地向公众开放，努力在有限的高密度建成空间中实现绿化科普空间的最大化。

◎ 儿童体验中心。上汽 R 汽车体验中心设有儿童专属活动室，定期开展儿童绘本、儿童歌唱以及关爱小动物等家庭亲子活动，并积极向社区开放场地和活动资源。

上汽 R 汽车体验中心二楼亲子区，配备全套会议、音响话筒、游戏及投影设备，预约用户可以尽情使用；在这里举办儿童生日派对等儿童活动。

（3）Social（社会包容）——精准帮扶特殊儿童

◎ 建立保护儿童机制。街道通过建立儿童保护机制，整合儿童服务中心与民政资源，促进多方联动，落实支持系统，建立落实儿童伤害事件的预防、报告、评估、处理、转介等联动机制。

◎ 提供安全场所。建立未成年人保护站、临时看护所等，为有需求的儿童提供安全场所。

◎ 提供助学帮困。建立困境儿童档案实施动态管理。

（4）Social（社会包容）——健全儿童参与机制

◎ 建立儿童议事会。淮海中路街道坚持以儿童为中心，尊重儿童权利，倾听儿童声音，为激发儿童“当家做主”的主人翁意识，邀请 8~14 岁的儿童组建儿童议事会。

◎ 激励儿童参与决策。激励儿童更多地参与淡水路社区的管理、公益服务，从儿童的视角提出自己的想法和建议，扩大儿童受益面与参与度。

◎ 丰富儿童建言渠道。充分利用人民建议征集、儿童议事会、参事会等平台，针对不同年龄段的儿童活动需求，采取座谈、问卷调查、意见箱等形式加强与儿童的交流。

2023 年，淮海中路街道“一街一路”建设项目启动，街道以有着特色烟火气息及历史底蕴的淡水路为中心，在“零距离家园”的发展要求下，期待通过儿童的一平方米视角为街区增添不一样的风采的同时，也积极推进儿童参与社区治理，让街区议事能够拥有更丰富的视角，解决街区及社区里的治理难题，打造具有淮海中路街道特色的街区儿童治理场景。

结合淡水路重点项目，将阵地建设和儿童议事相结合，成立“一街一路”儿童议事会。从创新社会实践培训、创作作品成果展、职业体验、儿童安全、社区建设等主题开展活动，让儿童议事会的小朋友们担任小小治理员，充分表达自身想法并聆听他们在社区建设中的真实感受与实际需求。

（5）Social（社会包容）——儿童友好特色 IP

◎ 围绕素质提升，打造“一大红色研学营”品牌

作为党的诞生地所在街道，未保站与一大会址纪念馆对接，创设“初心教育”系列活动，内容包括红色研学营、党史教育（百名青少年共话百年党史）、一大纪念馆讲解员体验、一大纪念馆志愿者等。此外，充分引导社会力量参与，与唐宁书店、二酉书店共建“淮宝儿”阅读基地、组织绘本亲子共读活动、儿童读书会等。同时注重非遗文化传承，举办儿童曲艺。

◎ 围绕安全防护，打造“不一样的安全课”品牌

以全面提升儿童安全意识为目标，①开设生命安全教育专题课，普及急救常识、消防安全、人身安全事故防范知识。②链接区检察院、区司法局资源，将普法教育延伸到校园、社区，关注校园霸凌行为，加大《未成年人保护法》宣传力度。③铸牢未成年人网络安全防线，以《未成年人网络保护条例》施行

为契机，开展未成年人网络素养宣传教育，培养合理使用网络的意识和能力。

◎ 围绕心理健康，打造“未成年人守护联盟”品牌

①深化“家校社”联动机制，与辖区学校、幼儿园签订“未保公约”，实现工作机制共建、动态信息互通、突发事件共处、服务资源共享、宣传活动共办工作格局。②坚持“预防为主、危机干预为先”原则，加大走访力度，开展未成年人心理筛查与预防。③提升心理关爱服务，链接专业资源，提供情绪管理、家长减压沙龙、亲子沟通课程，配备心理咨询师开展专业心理疏导。

◎ 围绕实践参与，打造“小小议事员”品牌

①积极推动儿童参与社区治理，成立淮海中路街道儿童议事会，建立相关机制，引导孩子们参与到街道“一街一路”“零距离家园”建设，让儿童学会如何洞察身边的社区议题，培养他们的社区主人翁意识。②开启职业体验活动试点，在活动中，小朋友成为一名小小银行家、小小法官、小小咖啡师、小小消防员等，收获活动新奇体验的同时，也让家长更好地了解孩子的兴趣。

围绕素质提升打造“一大红色研学营”品牌

BUILDING A BRAND OF " CPC RESEARCH CAMP" AROUND QUALITY IMPROVEMENT

部门	红色研学品牌活动	活动介绍	活动频次
街道妇联	“淮海好声音·童声配音”活动	通过“兴业学社”招募了交大附属黄浦实验中学、黄浦区卢湾中学学生参加。活动以筚路蓝缕来时路、乘风破浪会有时、众志成城创伟业和英姿焕发展新颜四个篇章为主线,精选了经典红色配音片段,回望历史感受信仰伟力。	一次（为期一月）
街道妇联	爱国强军少年行理论互动课	为从小培养青少年爱国情怀,了解我国国防知识,街道妇联举办了一堂有趣好玩的国防军事课程《钢铁长城薪火传　爱国强军少年行——“小小兵”军事理论课》，从领土、邻国、国家周边安全形势讲我们的人民军队。现场还有仿真枪训练和“东风导弹车”手工模型制作。	一次
街道妇联	《木兰从军》——儿童戏剧演出及手工制作活动	邀请社区的亲子家庭一起重温木兰从军的爱国故事。通过木偶剧的形式,向亲子家庭讲述“木兰从军”的忠义爱国故事,从小培养小朋友的爱国意识。	一次
大华居委	花儿朵朵献给党	大华居民区结合六一儿童节组织社区儿童开展了“花儿朵朵献给党”的主题活动。这次活动形式不限,孩子们可以以自己的方式来表达对党的敬爱,有的制作手绘小报,有的讲述红色小故事,有的打卡红色教育地,还有的演唱红色经典歌曲。	一次
复兴居委	建党100周年——少年儿童学党史	为了让百年党史照亮少年儿童的未来,引导孩子们从小学党史,永远跟党走，复兴居民区在六一儿童节组织开展了以“童心向党”为主题的系列教育活动,帮助少年儿童了解党旗含义，学习党的历史,号召广大少年儿童传承红色基因,做小小追梦人。	一次

围绕安全防护，打造“不一样的安全课”品牌

BUILDING A BRAND OF "DIFFERENT SAFETY COURSES" AROUND SAFETY PROTECTION

部门	“不一样的安全课”品牌	活动介绍	活动频次
街道妇联、复二幼儿园	“科学育儿指导进社区”亲子互动	由街道妇联和复二幼儿园合办的主题活动“科学育儿指导进社区”，每次邀请10组左右24月龄至36月龄的儿童家庭参加。活动分为两个部分,亲子阅读互动和现场专家咨询。	每年一次
街道妇联、各居民区妇联	家庭教育宣传周	街道以“家校社协同共育时代新人”为主题,开展了形式多样、内容丰富的家庭教育宣传周系列活动,分为三个板块:传承好家风、好家训、好家教;家校社协同,共育时代新人;丰富文化生活,增加家庭氛围。	每年一次(2023年开始)
街道未保站	不一样的安全课	对未成年人进行生命安全教育、普法宣传进校园、进社区、网络安全教育。	双月一次

围绕心理健康，打造“未成年人守护联盟”品牌

BUILDING A BRAND OF "GUARDIAN ALLIANCE FOR MINORS" AROUND MENTAL HEALTH

部门	“未成年人守护联盟”品牌	活动介绍	活动频次
街道妇联、复二幼儿园	0~3岁早教	每年分为秋季班和第二年的春季班,为2~3岁即将入园的小朋友提供免费早教互动及家长专题讲座,为即将上幼儿园的儿童做好身心准备。	每年秋季及来年春季各开班4~5次
街道团工委	爱心暑托班	每年暑假,为辖区内的小学生提供暑期爱心暑托班,丰富学生暑期生活,减轻双职工家庭的负担。	每年7~8月2期
街道团工委	爱心寒托班	每年寒假,为辖区内的小学生提供寒期爱心寒托班,丰富学生假期生活,减轻双职工家庭的负担。	每年寒假1期
街道未保站	茉莉医生工作室	对未成年人进行健康管理和健康宣教。	每月一次
街道未保站	未成年人守护联盟	家校社联动,关心未成年人及家庭心理关爱服务。	动态个案跟进
街道未保站	淮海社区基金会-社区公益行	关爱特殊儿童、淮宝儿心愿计划。	双月一次

围绕实践参与，打造“小小议事员”品牌

BUILDING A BRAND OF "SMALL PARLIAMENTARIAN" AROUND PRACTICAL PARTICIPATION

部门	“未成年人守护联盟”品牌	活动介绍	活动频次
街道妇联	“一街一路”儿童议事会	结合淡水路重点项目,将阵地建设和儿童议事相结合,成立“一街一路”儿童议事会。项目通过儿童的一平方米视角为街区增添不一样的风采,积极推进儿童参与社区治理,让街区议事能够拥有更丰富的视角,解决街区及社区里的治理难题。从创新社会实践培训、创作作品成果展、职业体验、儿童安全、社区建设等主题开展活动,让儿童议事会的小朋友们担任小小治理员,充分表达自身想法并聆听他们在社区建设中的真实感受与实际需求。	每年一届,全年持续推进

城市 ESG 下的儿童友好之【治理结构】

（1）Governance（治理结构）——完善政策支持

◎ 社区精细化治理——《中共黄浦区委、黄浦区人民政府关于坚持党建引领城区精细化治理，科学规划打造“10 分钟生活圈”、“一街一路”示范区域的实施意见》（2022 年 6 月）。

◎ 社区儿童友好城市建设行动计划——《黄浦区儿童友好城区建设三年行动计划（2023—2025）》暨“吾童计划”（2023 年 8 月）。

◎ 社区儿童友好城市建设行动指引——《黄浦区儿童友好城区建设“零距离・吾童计划”行动指引》（2023 年 11 月）。

（2）Governance（治理结构）——落实制度保障，形成创建合力

◎ 组建工作小组，明确职责分工

淮海中路街道党工委、办事处牵头，成立“儿童友好社区建设”工作领导小组，由街道党工委书记任组长，党工委副书记、办事处主任为副组长，妇儿工委主任为常务副组长。小组成员单位覆盖街道所有办公室、下属相关事业单位、辖区有关部门，共 17 个成员部门共同参与儿童友好社区建设，明确各部门职责和负责人。领导小组下设办公室，妇联主席任办公室主任，负责各项事务推进。

◎ 保障专项资金，确保有效使用

在经费保障方面，街道统筹整合儿童友好社区建设经费保障，区妇儿工委下拨经费，街道服务办条线经费和妇联条线经费三方联合投入社区儿童友好创建，确保创建经费列入计划，有效使用。

◎ 凝聚各方力量，完善联动机制

淮海中路街道妇儿工委多次召开创建儿童友好社区推进会议，明确儿童友好社区建设的发展思路和重点工作，明确各成员部门的工作职责，部署创建迎检的任务和节点要求。街道充分利用区域化党建联席会议、“零距离家园理事会”议事会、片区楼宇联合党委全体会议等平台和契机，最大范围凝聚行政力量、社会力量，形成积极互动，共同营造社区儿童友好氛围。

◎ 鼓励多方参与

街道委托上海兴越公共文化管理服务中心负责儿童服务中心的日常管理，通过社会化服务、专业化的运作，由专职人员负责制定年度工作计划、落实外联资源、策划组织日常活动、提供亲子看护和图书管理等服务，满足辖区内儿童的多样化、多层次需求。

街道引入上海睿家社工服务社，开拓儿童参与社区议事方面的团队培育和项目推进，顺利完成了淮海中路街道儿童议事会的组建，并开展了为儿童友好社区地图设计提建议、消除社区存在的不文明现象、配音师体验等活动，提升了儿童服务项目的丰富性。

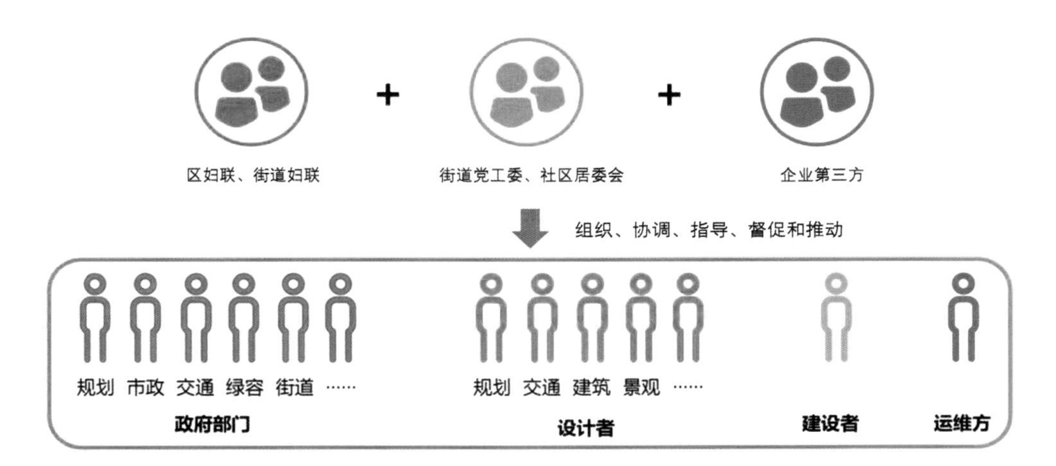

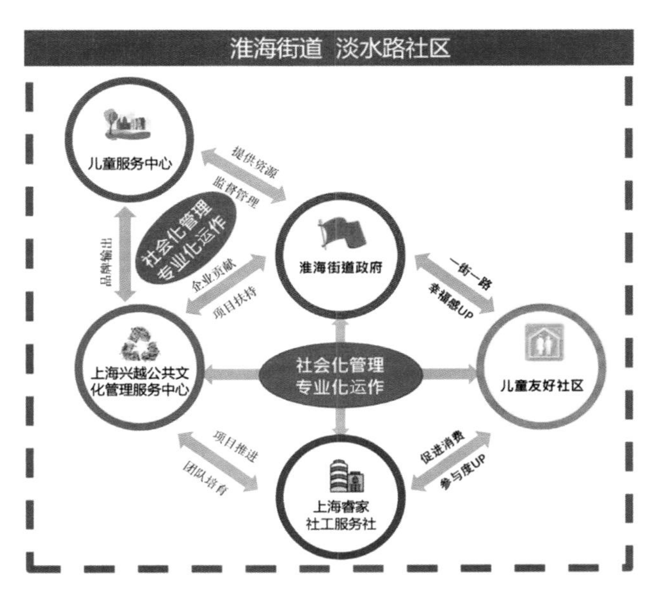

（3）Governance（治理结构）——建设专业儿童工作者队伍

◎ 配置专业人员

街道目前配备 2 名从事儿童工作专职人员（1 名公务员和 1 名社工），每个居民区配备 2 名专职工作人员，为更好地推进社区儿童工作提供了人才保障。

◎ 加强专业培训

街道定期开展儿童社会工作专业知识培训，专职工作人员积极参与培训，丰富专业知识，提升服务能力，积极打造更加专业、更加完善的儿童服务人才队伍。

◎ 强化宣传交流

开展多种形式的宣传推介，全方位、多形式大力宣传儿童友好空间建设经验，推广具有重大示范效应的建设模式，提高建设儿童友好空间的知晓度和参与度，把儿童友好的理念向全社会推广，全面提升淡水路社区儿童友好空间影响力。

（4）Governance（治理结构）——培育儿童服务志愿者团队

◎ 社区建设志愿者服务队伍

街道拥有一支 18 人的志愿者队伍，带领儿童进行亲子互动、儿童安全教育、小志愿者等活动，由热爱儿童事业的妇联主席、居委社工、社区女性骨干、热心妈妈等构成。

◎ 制定了志愿者管理制度

儿童服务中心制定了志愿者管理制度，加强对志愿者的培训和指导。同时，街道依托社区力量，招募一批喜爱儿童、乐于奉献的非在册志愿者，在特定场合和项目中提供志愿辅助服务。如建六居委巾帼服务队、媛德坊妇女团队、飞来燕外来媳服务队、瑞华绘本妈妈服务队等社区志愿力量。

我们相信，ESG所倡导的城市可持续性发展不仅可以在商业投资背景下得到认可，还可以应用于儿童友好城市的建设中。通过儿童友好国际ESG示范社区的建设影响千千万万的社区人群，最终成为一种社区的生活方式，或许这才是真正符合ESG核心思想的结果。

历史保护街区设计的微观经济

淡水路社区历史底蕴深厚，被誉为“衡复之源”，辖区内拥有 2 处全国重点文物保护单位、5 处市级重点文物保护单位、17 处区级文物保护点和 17 处优秀历史建筑，是上海市中心较有典型示范意义的历史保护街区样本。

近年来，随着城市更新的推进和进化，历史保护街区不缺人流的优越感里也藏着危机意识，需要贴合市场逻辑来指导设计工作以提升合理性。

“解读历史保护街区设计的微观经济”这一表述涉及多个领域，包括城市规划、历史文化保护、经济学以及社会学。在这一语境下，微观经济通常指的是研究个人和企业在特定市场条件下的行为和决策。对于历史保护街区而言，设计与微观经济的关系可以从以下几个方面来解读：

市场动态与物业价值

在历史街区，保护与设计的策略直接影响物业的市场价值。良好的设计能够提升街区内的商业潜力，吸引游客和消费者，进而增加商业收入。

淡水路社区作为衡复风貌区的源头，红色和历史文化深厚，各类文保和优秀历史建筑众多。其整体建筑风貌可以被概括为多样居住共融地，拥有历史风貌居民区、商品住宅、售后公房、高端住宅等多样居住空间形式。

除了高端住宅开发的当仁不让，辖区内的“三百住区”特色明显：百年里弄、百年公寓、百姓公房，其中，四明里、三德坊、丰裕里、淡水村等成片的历史风貌居民区迄今已有近百年历史。

带着城市本土文化和历史印记、浓厚生活气息，淡水路迎来了一系列“新生代”小店的入驻。近年来，随着“小店经济”的兴起，看似原生的不对称与不匹配：新和旧、大和小、雅和俗，其实恰恰构成了淡水路社区最需要的永续活力。

看似不成规模的小店散落，当其和淡水路这条历史保护街区叠加之后，产生了巨大的化学反应，也帮助许多人实现了“生活在别处”的状态。

首先，小店是方便、及时、易获取的，缩小了日常尺度，却拓宽了感知的深度。

其次，小店往往是小众文化、艺术、新兴生活方式的窗口，它们的存在让城市呈现多元、包容、自由的状态。

再次，小店为街区聚拢人气和消费力，将商业活力引流至城市的“毛细血管”，实现“大到新天地、小到街巷里”的互补。

最后，小店就是触手可及的“幸福”，人与人、人与城的距离被拉近，源于社群的安全感和归属感，让人更“幸福”。

增强区域品牌形象

增强区域品牌形象是提升城市或区域竞争力的重要手段。淡水路社区作为衡复风貌区的一部分，拥有丰富的历史文化资源，这为打造具有特色的品牌形象提供了坚实的基础。淡水路社区通过将生活与文化相结合，构建了一个充满故事的美好生活社区。社区的室内外空间节点、不同年代的建筑小区以及多样化的特色主题街区，都是其品牌形象的重要组成部分。

淡水路社区以“浓”为主线，通过生活、邻里和街区三个层面的演绎，实现了区域品牌价值的提升。特别是“三百住区”的更新，包括百年里弄、百年公寓和百姓公房等，通过建筑更新，唤醒了区域的品牌价值。在街区形象的打造上，淡水路社区着重打出三张牌：全龄友好社区花园、便民服务维修工艺和商铺环境改造提升。这些举措不仅提升了社区的生活品质，也增强了社区的吸引力。社区共享配套设施的推出，如零距离家园、社区食堂和社区活动文化中心，不仅为居民提供了便利，也强化了历史保护街区的民生获得感。

在保持历史保护街区原有风貌的基础上，通过设计对公共空间、往来动线、商住边界、公私局域等进行微调和优化。这些措施旨在强化社区的网红属性，形成便利的人流，服务小店营商，使其成为一个“愿意来、愿意留、愿意消费、愿意复购、愿意传播”的理想场景。

淡水路社区不仅提升了自身的品牌形象，也为居民和游客提供了一个充满活力、便利和具有历史文化特色的生活环境。这种模式对于其他历史街区的保护和发展具有重要的借鉴意义，有助于推动区域经济的发展和人才的聚集。

消费者行为

在历史保护街区的设计中，深入理解游客和当地居民的需求与偏好至关重要。通过分析消费者的行动模式，设计者能够制定出既能推动经济活动，又能增强社区参与的规划方案。近年来，Citywalk（城市漫步）作为一种新兴的旅游方式，正在重塑淡水路社区等历史街区的未来格局和命运。与简单的拍照打卡或无目的的闲逛不同，Citywalk 强调与城市的深度交流，让参与者能够更接地气地认知城市，更真实地了解其历史与文化、变迁与创新。

淡水路社区提供了丰富的 Citywalk 点位，包括著名的一大会址和新天地，以及众多国家级、市级和区级的重点文物保护单位和优秀历史建筑。随着街区更新的不断推进，淡水路社区不仅传承了历史文脉，还融入了现代生活气息，为 Citywalk 提供了多样化的组合方式，满足散步、休憩、观光、研学等多功能需求，同时也适应了市内旅游、微度假、周末行走、郊外远足、老城厢徒步等多种旅游形态。

淡水路社区不仅能够提升游客的体验，还能增强当地居民的生活质量，实现历史保护与现代发展的和谐共存。

社会资本和网络

历史街区的改造不仅涉及建筑和空间的物理层面，还包括对社会资本和网络的建设。这种建设通过促进商户合作、鼓励社区参与和举办文化活动，有助于推动经济的微观循环。在全球化、数字化和互联网化的大背景下，历史街区的保护和发展需要适应时代潮流，坚持其独特性的同时，创新其表达、合作、参与和商业模式。

企业在这一进程中扮演着重要角色。例如，索尼公司通过协生农法，建立了一个连接政府、企业、居民和社区的关系网络，打造了一个以人为本、低碳韧性的零碳农场，这不仅宣传了绿色低碳的理念，还提升了居民的幸福感。瑞安房地产则响应中国的“双碳”目标，通过技术创新和节能减排，推动“一大会址 新天地”项目的发展，并发布了“2030 年 5C 可持续发展战略”，致力于发展绿色健康和低碳社区。

同时，互联网和 Citywalk（城市漫步）可以形成互补关系。线上平台可以提供宣传和信息交流，而线下活动则需要提供震撼、便捷和互动的体验，以吸引消费者并强化他们的参与感。这种线上线下结合的方式，有助于历史街区在非刚性需求的消费者中建立吸引力，从而在激烈的竞争中脱颖而出。

历史街区的改造需要综合考虑社会资本和网络的建设，同时积极适应全球化、数字化的趋势。通过企业社会责任的履行和创新商业模式的探索，历史街区可以焕发新的活力，为城市的可持续发展做出贡献。

推动物业维护和更新

推动物业维护和更新是历史街区保护和发展的重要组成部分。以下是对淡水路社区物业维护和更新策略的整理：

淡水路社区通过多特色主题街区建设，更新四个全龄友好社区花园，包括追梦园、SOHO 绿地、街角花坛和淡水景墙，增强了社区的吸引力和历史价值。

依托街道党建联盟，搭建便民服务平台。淡水路社区综合拓展社区工匠艺人资源，构建了包括家电维修、修理鞋履、洗衣熨烫等七大类社区便民服务平台，培育了便民服务品牌项目。

商铺设计更新版块，针对自忠路至复兴中路西侧沿街商铺的色彩和风格不协调问题，社区进行了“市井烟火和便民共融”的设计更新，旨在扶植小店经济，焕发其生命力。

ESG 全面提升：从环境、社会、治理的角度出发，淡水路社区全面提升了历史保护街区，不仅增加了税收，还提升了品牌、竞争优势和美誉度等无形资产。

资产再投入：将 ESG 提升所带来的有形和无形资产重新投入街区的维修、更新、发掘和传播，激活物业的二次乃至多次更新，吸引原有人流的再次到访和新人群的来访。

淡水路社区不仅维护了历史街区的物业，还促进了社区的经济发展和社会凝聚力，为历史街区的持续繁荣提供了坚实的基础。

城市永未建成，城市更新永不停歇

历史保护街区的可持续发展话题，离不开微观经济，还离不开循环模式：由“社区公园”向“公园社区”转变，由“空间改造”向“场景营造”转变，由“标准设计”向“精准服务”转变，由“封闭小区”向“开放街区”转变，由“规范管理”向“精细治理”转变，五大润物细无声的举措，正在悄然进化百年淡水路。

通过这些方面，我们可以看到历史保护街区设计与微观经济是互相影响的，在进行历史街区保护和设计时，还需要注意如何平衡历史保存与现代需求、如何保持社区的活力与稳定性，以及如何确保经济效益的公平分配等问题。设计师、经济学家、政府官员和社区成员需要共同努力，以确保历史街区的保护工作既能够尊重和保持历史文化的连续性，同时也能够促进当地经济的健康发展。

混合社区尺度下的公民参与

在混合社区尺度下，公民参与是一个关键的议题，它关乎社区的健康发展和居民的满意度。公民参与不仅包括居民在社区事务中的直接参与，还涉及他们在城市规划和发展过程中的积极作用。

混合社区通常由不同社会经济背景的居民组成，因此，公民参与的设计必须考虑到这种多样性，确保所有群体都能平等地参与社区事务。这要求社区管理者和规划者采取包容性措施，比如提供多语言服务，确保信息传播的广泛性和可访问性。

有效的公民参与需要有清晰的参与渠道和机制。这可能包括定期的社区会议、在线调查、公共咨询会、工作坊等多种形式，旨在鼓励居民表达意见，参与决策。

公民参与的核心是赋予居民权利，让他们感到自己的意见和行动能够对社区产生实质性的影响。这可以通过确保居民的反馈被认真考虑，并在决策过程中得到体现来实现。

公民参与不应该是一次性的事件，而是一个持续的过程。社区管理者需要确保决策过程的透明度，让居民能够看到他们的参与如何转化为实际的社区变化。为了提高公民参与的质量，社区可以提供相关的教育和培训，帮助居民了解如何更有效地参与社区事务，包括了解决策过程、公共政策以及如何提出建设性意见。

混合社区可以促进更广泛的公民参与，增强社区的凝聚力，推动社区的可持续发展。重要的是，社区管理者和居民需要共同努力，以确保每个人的声音都能被听到，并且对社区的未来产生积极的影响。

本章节供图：上海市黄浦区淮海中路街道办事处

第2章
可持续发展生态社区

“可持续发展生态社区”是指旨在通过提供环保的住宅和生活方式，实现生态平衡和可持续性目标的社区。这样的社区在设计、建设和运行时，都会考虑到对环境的影响，并尽可能地减少负面效应。

可持续发展生态社区是旨在协调人类活动与自然环境平衡的生活方式与社区设计理念。推动资源的循环利用，减少浪费，实现经济活动的闭环，降低对环境的负面冲击。通过共享资源和服务来减少资源消耗，增强社区内的互助和合作。可持续发展生态社区代表了一种生活和发展的新模式，在全球化的背景下，要认识到各个生态社区的行动对全球环境的影响，提倡全球视野下的环境责任。

案例解析

万里安居乐业的生态活力社区

（入选2023版联合国人居署《上海手册：21世纪城市可持续发展指南》）

指导单位： 住房和城乡建设部
上海市人民政府
联合国人类住区规划署

主办单位： 同济大学
上海市住房和城乡建设管理委员会
上海市普陀区人民政府

承办单位： 上海市可持续发展研究会
上海世界城市日事务协调中心
上海市普陀区建设和管理委员会
上海市普陀区人民政府万里街道办事处
上海市政工程设计研究总院（集团）有限公司

万里社区生态活力指数研究： 同济大学　陈海云教授团队

万里社区空间策划： 上海市政总院　钟　律　专业总工程师团队
策划团队： 冯琤敏　陈子薇　徐迪航

上海万里社区，是上海市政府首批的四大示范居住区之一，居住区占地216公顷，总建筑面积257万平方米，居住人口6万人。历经26年耕耘，万里社区通过不断地实践和发展，已经成为一个充满活力、特色鲜明、浪漫宜居的社区，作为全球城市可持续发展的社区案例收入2023版联合国人居署《上海手册：21世纪城市可持续发展指南》。万里城小区先后获评联合国生态环境住宅金奖和人居贡献奖等46项荣誉。

规划先行，描绘美好生活“一张蓝图”。2015年，万里社区，率先编制“十三五”社区规划；2016年作为上海市共享社区试点，提出“悦行万里”慢行社区建设规划；2019年《上海市普陀区社区发展规划导则》确定万里板块“活力社区”的发展定位；2022年制定“万里美好社区提升计划”，布局五大主题，实施“五宜十策”，织密15分钟社区生活圈。

资源汇聚，点亮爱尚万里“两幅画卷”。环境是最普惠的民生福祉，万里社区绿化水系交融，绿化覆盖率达47%，水系长度达4.5公里。“一环”水脉，“六纵”绿轴，社区住宅与自然河流巧妙结合起来，成为上海少见的活水景观住宅区。对于万里社区的居民来说，就像住进了花园里，打造百姓宜居的“桃源”已浸润到万里的每一寸肌理里，犹如一张风景如诗的“桃源万里图”。同时，多样化的便民生活圈犹如展翅的蝴蝶，也为宜居社区注入鲜活生命力。比如万里比邻服务驿站、新业态新就业党群服务中心、万里社区卫生服务中心、15分钟社区生活圈、社区集市、香泉社区智助食堂、京东商业综合体等，共同绘就集聚烟火气的“安居乐业图”。

多元参与，建议协同治理“三项机制”。区委区政府明确政策示范引领；区各部门、各单位整体统筹，专项推进；街道梳理资源、协同落实，形成全方位联动的上下机制和全过程行动的推进机制。同时，“众规众创”社区地图和“智联普陀”社区平台，是依托“互联网+”和物联网系统等新兴科技提升社区建设的新手段，是新形势下社会管理创新模式的探索，亦是高协同智慧共治机制。

2023年世界城市日中国主场活动暨第三届城市可持续发展全球大会的主题论坛在上海跨国采购会展中心举行，共话城市社会治理创新和可持续发展。走进普陀，走进万里，以上海万里社区为样本，展示社会治理成果，对标世界各国及城市的优秀发展案例，应对城市更新带来的机遇和挑战，为全球城市可持续发展提供可复制、可推广、可传承的优秀典范。

世界城市日
《上海手册·2023》入选案例
万里社区
有爱的家园
改革开放30年上海城市建设优秀成果奖金奖
联合国生态环境住宅金奖
WORLD CITIES DAY
Selected for "SHANGHAI MANUAL·2023"
WANLI COMMUNITY
Home with Love
Gold Award for Outstanding Achievements of Shanghai Urban Construction in 30 Years of Reform and Opening-up
United Nations Ecological Environment Gold Award
上海普陀区万里社区于1997年6月17日正式开工建设，经过26年的创新实践，万里社区发生了翻天覆地的变化。在创新、绿色、协调、开放和共享理念的指引下，万里社区变成了一个生态环境清新宜人，百姓安居乐业，邻里之间友好互助的活力社区，为实现联合国2030年可持续发展目标、为全球可持续社区建设提供了重要参考。
Wanli Community In Putuo District Officially Started Construction On June 17, 1997. After 26 Years Of Innovative Practice, Great Changes Have Taken Place In Wanli Community. Under The Guidance Of The Ideas Of Innovation, Green, Coordination, Open And Sharing, Wan Li Community Has Become A Vibrant Community With Fresh And Pleasant Ecological Environment, People Living And Working In Peace And Contentment, And Friendly And Mutual Assistance Among Neighbors. It Provides An Important Reference For Realizing The United Nations Sustainable Development Goal In 2030 And Building A Global Sustainable Community.
万里公园，
贯穿万里城南北轴线上的开放式中央绿地，
2022年完成景观功能提升。
WANLI PARK
The Open Central Green Space Running Through The North-south Axis Of Wanli Residential Area Completed The Upgrading Of Landscape Function In 2022.
"世界城市日"万里比邻生活节，
定向赛打卡社区15分钟生活圈活力地标。
Orientation Competition Of "World Cities Day" Wanli Neighborhood Life Festival Punched The Community's 15-minute Life Circle Vitality Landmark.
START
上海市高品质慢行示范区，
架空线全落地，
形成6.2公里滨水活力休闲带，
被评为上海市园林街道。
The High-quality Slow-moving Demonstration Area In Shanghai,
Where All Overhead Lines Have Landed,
Has Formed A 6.2-kilometer Waterfront Vitality Leisure Belt And Has Been Rated As Shanghai Garden Sub-district.
全市首个新业态新就业群体党群服务中心，
提供"医食住行"暖"新"服务。
普陀区万里城市天际线，
上海市政府跨世纪示范居住区之一，
开发建设品质居住区257万平方米。
The City Skyline Of Wanli In Putuo District.
One Of The Cross-century Demonstration Residential Areas Of Shanghai Municipal Government,
257 Million Square Meters Of Quality Residential Area.
中心城区体量最大的万里社区卫生服务中心，
近享家门口的优质医疗资源。
Wanli Has The Largest Community Health Service Center In The Urban Area, Enjoying High-quality Medical Resources Near The Door.
WORLD
CITIES DAY

万里社区生态活力指数研究 *

生态活力指数是在《联合国2030年可持续发展目标》《新城市议程》《全球城市监测框架》等国际权威文件的总体目标下，结合上海普陀万里街道建设的实际经验构建的，用以科学诊断和趋势研判生态活力社区发展水平的集成应用工具。其定位是诊断型和趋势研判型指数，重点是从纵向系统性科学研判发展轨迹、真实反映取得的发展成果、深度挖掘存在的问题并提出针对性解决方案，不作传统意义上的横向对比和机械排名。

生态活力指标体系分为底线型，方向型和特色型指标三类，由社会、环境、治理等不同领域，公共服务、宜居宜业、大众文化、创新治理等不同方面遴选出二十个核心指标组成。与此同时，重点聚焦万里街道生态活力社区建设中的经典案例和经验做法，作为指数综合性评估的重要依据。实现定量与定性、数据与案例的有机结合。

生态活力指数分析

1. 公共服务维度

（1）社区卫生服务机构 15 分钟步行可达覆盖率

截至2023年7月，万里街道共有3处卫生站和1处卫生中心，医疗卫生服务分布均匀，大部分居住区到达最近设施点的时间小于10分钟。其中，万里街道社区卫生服务中心位于万泉路115号，总建筑面积达20080平方米，是普陀区“十三五”规划重点实事项目，也是中心城区体量最大的社区卫生服务中心。卫生机构有助于提高居民的生活质量，促进社区和谐，伴随着人均寿命和经济水平的提高，群众对于卫生机构的需求会越来越高，万里街道也在此方面持续关注和投入。

* 陈海云：同济大学可持续发展与管理研究所研究员 / 上海市可持续发展研究会执行会长 / 联合国人居署《上海手册：21 世纪城市可持续发展指南》编写团队核心成员 / 联合国人居署“上海指数”研究团队首席专家，主编《上海普陀万里：生态活力指数研究报告》。

<table>
<tr><th>公共服务（1）</th><th colspan="10">社区卫生服务机构15分钟步行可达覆盖率</th></tr>
<tr><td>指标含义</td><td colspan="10">社区卫生服务机构，是社区建设的重要组成部分，是在政府领导、社区参与、上级卫生机构指导下，以基层卫生机构为主体，全科医师为骨干，合理使用社区资源和适宜技术，以人的健康为中心、家庭为单位、社区为范围、需求为导向，以妇女、儿童、老年人、慢性病病人、残疾人、贫困居民等为服务重点，以解决社区主要卫生问题、满足基本卫生服务需求为目的，融预防、医疗、保健、康复、健康教育服务功能等为一体的，有效、经济、方便、综合、连续的基层卫生服务。</td></tr>
<tr><td rowspan="2">以人为本（人民城市）</td><td colspan="2">人生出彩机会</td><td colspan="2">有序参与治理</td><td colspan="2">享有品质生活</td><td colspan="2">切实感受温度</td><td colspan="2">拥有归属认同</td></tr>
<tr><td colspan="2"></td><td colspan="2"></td><td colspan="2">√</td><td colspan="2">√</td><td colspan="2"></td></tr>
<tr><td>与SDGs的关联性</td><td colspan="10">SDGs 3.8 实现全民健康保障，包括提供经济风险保护，人人享有优质的基本保健服务，人人获得安全、有效、优质和负担得起的基本药品和疫苗。</td></tr>
<tr><td>与NUA的关联性</td><td colspan="10">NUA 34 我们承诺增进人人不受歧视地平等取用负担得起、可持续和基本的有形和社会基础设施的机会，包括负担得起的医疗保健和计划生育。确保这些服务能适当满足妇女、儿童和青年、老年人和残疾人、移民、土著人民和地方社区以及其他处境脆弱者的权利和需求。</td></tr>
<tr><td>相关国际机构（政府部门）</td><td>UN-Habitat</td><td>UNEP</td><td>UNICEF</td><td>UNESCO</td><td>WB</td><td>OECD</td><td>ILO</td><td>AIIB</td><td>MOHURD</td><td>Others</td></tr>
<tr><td>主流指数（指标）关联性</td><td>√</td><td></td><td>√</td><td>√</td><td></td><td>√</td><td></td><td></td><td>√</td><td>√</td></tr>
<tr><td>方法/模型</td><td colspan="10">$$\text{社区卫生服务机构15分钟步行可达覆盖率}=\frac{\text{15分钟步行可达卫生服务机构的小区}}{\text{小区数量}}\times 100\%$$</td></tr>
<tr><td>主要数据来源</td><td colspan="10">数据主要以社区及社区所在的区域和城市官方统计年鉴或医疗卫生机构的年度工作（专题）报告为准。</td></tr>
</table>

社区卫生服务机构15分钟步行可达覆盖率

（2）无障碍设施覆盖率

普陀区残联践行“人民城市人民建，人民城市为人民”重要理念，根据相关要求，将“完成300户困难重度残疾人家庭无障碍改造”作为区政府实事项目，启动“300户困难重度残疾人家庭无障碍改造”。截至2023年10月，在普陀区残联和各街道（镇）的共同努力下，完成困难重度残疾人家庭无障碍改造项目目标户数350户的改造任务，超额完成既定目标。

（3）社区市民健身中心15分钟步行可达覆盖率

万里街道推进口袋公园建设，持续提升社区体育设施能级，2023年改建了1处市民健身步道、2处市民益智健身苑点。街道还设有市民健身房、乒乓房以及室外的门球场、健身步道健身苑点等体育设施，已经建成的洛克社区运动场地有2片网球场和14片羽毛球场。在市民健身中心的建设方面已经取得了一定的成果。15分钟步行可达覆盖率表明市民在日常生活中能够方便地享受到健身设施。这有助于提高市民的健康水平，促进全民健身。但仍需关注市民健身中心的覆盖是否均衡，避免部分地区覆盖不足，而部分地区过剩。均衡的覆盖有助于确保所有市民都能享受到便捷的健身设施。

公共服务（2）	无障碍设施覆盖率									
指标含义	无障碍设施是指为了保障残疾人、老年人、儿童及其他行动不便者在居住、出行、工作、休闲娱乐和参加其他社会活动时，能够自主、安全、方便地通行和使用所建设的物质环境。例如无障碍通道、盲文标识和音响提示以及通信，无障碍扶手，沐浴凳等与其相关生活的设施等。无障碍设施覆盖率的提高是城市社区人文关怀和可持续发展的重要指标。									
以人为本（人民城市）	人生出彩机会		有序参与治理		享有品质生活		切实感受温度		拥有归属认同	
	√						√		√	
与 SDGs 的关联性	SDGs 11.2 到 2030 年，向所有人提供安全、负担得起、易于利用、可持续的交通运输系统，改善道路安全，特别是扩大公共交通，要特别关注处境脆弱者、妇女、儿童、残疾人和老年人的需要。									
与 NUA 的关联性	NUA 36 我们承诺在城市和人类住区推行适当措施，便利残疾人与他人平等出入和利用城市的实物环境，特别是利用城乡地区的公共空间、公共交通、住房、教育和卫生设施、公共信息和通信(包括信息和通信技术和系统)以及向公众开放或提供给公众的其他设施和服务。									
相关国际机构（政府部门）	UN-Habitat	UNEP	UNICEF	UNESCO	WB	OECD	ILO	AIIB	MOHURD	Others
主流指数（指标）关联性	√				√	√	√		√	√
方法/模型	将从公共交通、社区环境、楼宇建筑等多个方面调查无障碍设施的建设和配套情况，并通过调查问卷进一步确认。									
主要数据来源	数据主要以社区及社区所在的区域和城市官方统计年鉴或相关机构的年度工作（专题）报告为准，辅之以调查问卷。									

无障碍设施覆盖率

公共服务（3）	社区市民健身中心 15 分钟步行可达覆盖率									
指标含义	社区市民健身中心 15 分钟步行可达覆盖率反映了百姓日常就近就便健身的便利程度，是完善公共服务配套、完善社区功能的重要因素。									
以人为本（人民城市）	人生出彩机会		有序参与治理		享有品质生活		切实感受温度		拥有归属认同	
	√				√		√			
与 SDGs 的关联性	SDGs 11.7 到 2030 年，向所有人，特别是妇女、儿童、老年人和残疾人，普遍提供安全、包容、便利、绿色的公共空间。									
与 NUA 的关联性	NUA 36 我们承诺在城市和人类住区推行适当措施，便利残疾人与他人平等出入和利用城市的实物环境，特别是利用城乡地区的公共空间、公共交通、住房、教育和卫生设施、公共信息和通信(包括信息和通信技术和系统)以及向公众开放或提供给公众的其他设施和服务。 NUA 37 我们承诺促进安全、包容、便利、绿色和优质的公共空间，包括街道、人行道和自行车道、广场、滨水区、花园和公园，这些公共空间是促进广大民众之间和各种文化之间的社会互动和包容、人们的健康与福祉、经济交流、文化表达和对话的多功能区，其设计和管理旨在确保人类发展，建设和平、包容和参与型的社会，促进共处、相互联系和社会包容。									
相关国际机构（政府部门）	UN-Habitat	UNEP	UNICEF	UNESCO	WB	OECD	ILO	AIIB	MOHURD	Others
主流指数（指标）关联性	√		√	√		√			√	√
方法/模型	$\text{社区市民健身中心 15 分钟步行可达覆盖率} = \frac{\text{15 分钟步行可达健身中心的小区}}{\text{小区数量}} \times 100\%$									
主要数据来源	数据主要以社区及社区所在的区域和城市官方统计年鉴或相关机构的年度工作（专题）报告为准。									

社区市民健身中心 15 分钟步行可达覆盖率

（4）社区便民服务驿站覆盖率

2022年，普陀区万有引力新业态新就业群体党群服务中心建成后，舒心湾户外职工爱心接力站“升级迭代”，能够为户外职工提供休息充电、喝水就餐、娱乐运动、阅读学习、医疗问诊、政策咨询、文化活动等多方面服务，在人性化的设施条件基础上，更好地为新业态、新就业群体提供阅读学习、医疗问诊、政策咨询、文化活动等多方面服务。站点还增设夏日送清凉、冬日送温暖等特色活动，体现上海的温度。当前万里街道在便民服务驿站覆盖率方面的提高有助于提高居民的生活质量，促进社区和谐，这直接关系到居民的满意度。未来仍然需要不断关注驿站提供的服务丰富度，满足居民的不同需求。同时，要关注服务质量，确保居民在使用过程中的满意度。

公共服务（4）	社区便民服务驿站覆盖率									
指标含义	社区便民服务驿站是坚持以人民为中心打造的一项民生工程，主要是为户外工作者提供的一个休息场所，可以为城管、市政、园林、环卫、交警等室外工作者提供休息场所和紧急药品，社区便民服务驿站有助于带动城市社区精细化管理、进一步提升城市社区建设的水平。									
以人为本（人民城市）	人生出彩机会		有序参与治理		享有品质生活		切实感受温度		拥有归属认同	
	√				√		√		√	
与SDGs的关联性	SDGs 11.3 到2030年，在所有国家加强包容和可持续的城市建设，加强参与性、综合性、可持续的人类住区规划和管理能力。 SDGs 11.7 到2030年，向所有人，特别是妇女、儿童、老年人和残疾人，普遍提供安全、包容、便利、绿色的公共空间。									
与NUA的关联性	NUA 25 我们确认，消除一切形式和表现的贫困，包括消除极端贫困，是全球最大的挑战，也是实现可持续发展必不可少的要求。我们还确认，日益加剧的不平等现象和持续存在的多种表现的贫困，包括贫民窟和非正规住区居民增加，对发达国家和发展中国家都产生影响，并确认城市空间的安排、便利性和设计，基础设施和基本服务的提供以及发展政策，既可促进也有可能阻碍社会融合、平等和包容。									
相关国际机构（政府部门）	UN-Habitat	UNEP	UNICEF	UNESCO	WB	OECD	ILO	AIIB	MOHURD	Others
主流指数（指标）关联性	√		√	√		√			√	√
方法/模型	$社区便民服务驿站覆盖率=\frac{拥有便民服务驿站（城市驿站）的小区}{小区数量}\times 100\%$									
主要数据来源	数据主要以社区及社区所在的区域和城市官方统计年鉴或相关机构的年度工作（专题）报告为准。									

社区便民服务驿站覆盖率

2. 公共交通维度

（1）新能源交通基础设施实施率

近年来，随着绿色环保理念的深入人心，新能源汽车作为低碳出行的交通工具，受到群众广泛欢迎，但新能源汽车充电站数量不足、充电不方便的问题让不少车主头疼。为切实解决群众“急难愁盼”问题，万里街道结合辖区实际，于 2022 年 8 月启动万里情怀项目建设，建设新能源充电站就是其中一项内容。万里街道聚焦新能源汽车充电难问题，通过部门协同联动、专业单位实施、合理设计布局、增设机动车充电桩，有效地推动了新能源交通工具的使用。

（2）公共停车位年均新增（改造）数量

万里街道践行“人民城市人民建，人民城市为人民”的重要理念，希望通过挖潜增加停车设施供给、盘活既有停车资源、提高车辆停放管理水平等方式，鼓励挖潜内部停车资源，挖掘周边公共设施、商场、办公场所等可供共享使用的停车设施，努力构建停车共建共治共享新格局，缓解区域停车难问题，促进停车治理与生活环境、城市交通协调发展。街道通过推出潮汐式停车等制度，不断加大公共停车位的利用效率。

公共交通（1）	新能源交通基础设施实施率									
指标含义	新能源汽车及公交车的普及是未来社区交通实现绿色低碳发展的重要方向。但是与传统燃油汽车相比，制约新能源汽车快速发展的一个重要瓶颈就是配套基础设施的滞后，其中，新能源汽车充电桩成为社区配套基础设施的重要组成部分。									
以人为本（人民城市）	人生出彩机会		有序参与治理		享有品质生活		切实感受温度		拥有归属认同	
					√		√			
与 SDGs 的关联性	SDGs 11.2 到 2030 年，向所有人提供安全、负担得起、易于利用、可持续的交通运输系统，改善道路安全，特别是扩大公共交通，要特别关注处境脆弱者、妇女、儿童、残疾人和老年人的需要。									
与 NUA 的关联性	NUA 115 我们将采取措施，在国家、地区和地方各级建立机制和共同框架，用于评价城市和大都市交通计划的更广泛裨益，包括对环境、经济、社会融合、生活质量、便利性、道路安全、公共健康和气候变化行动等方面的影响。									
相关国际机构（政府部门）	UN-Habitat	UNEP	UNICEF	UNESCO	WB	OECD	ILO	AIIB	MOHURD	Others
主流指数（指标）关联性	√				√	√		√	√	√
方法/模型	$$新能源交通基础设施实施率=\frac{实施建成新能源（公交）汽车充电桩数量}{规划建成新能源（公交）汽车充电桩数量}\times 100\%$$									
主要数据来源	数据主要以社区及社区所在的区域和城市官方统计年鉴或交通建设和管理部门专项（年度）报告为准。									

新能源交通基础设施实施率

公共交通（2）	公共停车位年均新增（改造）数量									
指标含义	城市停车设施是满足公众出行需要的重要保障，是现代社区发展的重要支撑，是城市社区综合交通体系规划的重要组成部分。推进公共停车位建设，是城市社区实现可持续发展的重要方面。									
以人为本（人民城市）	人生出彩机会		有序参与治理		享有品质生活		切实感受温度		拥有归属认同	
	√				√				√	
与 SDGs 的关联性	**SDGs 11.2** 到 2030 年，向所有人提供安全、负担得起、易于利用、可持续的交通运输系统，改善道路安全，特别是扩大公共交通，要特别关注处境脆弱者、妇女、儿童、残疾人和老年人的需要。									
与 NUA 的关联性	**NUA 13（a）** 人人不受歧视地充分实现适当生活水准权所含的适当住房权，人人普遍享有安全和负担得起的饮用水和卫生设施，以及人人平等获得在粮食安全和营养、卫生、教育、基础设施、出行和交通、能源、空气质量和生计等方面的公共产品和优质服务。									
相关国际机构（政府部门）	UN-Habitat	UNEP	UNICEF	UNESCO	WB	OECD	ILO	AIIB	MOHURD	Others
主流指数（指标）关联性	√				√		√	√	√	
方法/模型	公共停车位年均新增（改造）数量=当前公共停车位总量-上期公共停车位总量+本期改造停车位总量									
主要数据来源	数据以社区及社区所在的区域和城市官方统计年鉴或公共交通部门年度工作报告、交通行业领域专题报告为准。									

公共停车位年均新增（改造）数量

3. 生态宜居维度

（1）常住人口增长率

人口增长与建设包容性的城市和人类住区及促进有序移民和人口流动（SDG10 和 SDG11）有着直接的关系。万里街道常住人口呈增长趋势，不断朝着 SDG10 和 SDG11 的目标前进。

（2）公园绿地 500 米服务半径覆盖率

万里街道精心推进以万里公园等绿地为“点”、以广泉路、水泉路等精品道路为“线”、以“15 分钟社区生活圈”为“面”的城市更新模式。通过贯通 4.5 公里的万里城滨水活力带，连接城市生活脉络的健康“骨架”，高效串联公共服务设施、商业商圈、比邻党群驿站等高效便捷的服务资源；精心布设“边角”空间，推进屋顶花园、街心绿地、口袋公园等一批小而美的绿化设施建设，为城区发展“舒筋活络”。通过打造骑行慢道、智慧步道、跨河桥梁、休闲广场，推动全市首批慢行示范区内交通全面提升，塑造出全龄友好、宜行宜赏、活力品质的慢行休闲空间，绘就蓝绿交织、水岸联动、生态活力的社区“实景图”。

生态宜居（1）	常住人口增长率									
指标含义	常住人口增长率是一定时期内由人口自然变动和迁移变动而引起人口增长的比率。与人口自然增长率不同，常住人口增长率能够较为集中地反映出这个社区对外来人口的吸引能力和对存量人口的稳固能力。社区是否能实现可持续发展关键指标之一就是看这个社区是否能够留得住人，吸引来人。									
以人为本（人民城市）	人生出彩机会		有序参与治理		享有品质生活		切实感受温度		拥有归属认同	
	√		√		√		√		√	
与 SDGs 的关联性	SDGs 10.7 促进有序、安全、正常和负责的移民和人口流动，包括执行合理规划和管理完善的移民政策。									
与 NUA 的关联性	NUA 96 我们将鼓励执行可持续的城市和地域规划，包括城市-区域和大都市规划，以鼓励各种规模的城市地区及其近郊和农村周边地区(包括跨界地区)之间的协同增效和互动。									
相关国际机构（政府部门）	UN-Habitat	UNEP	UNICEF	UNESCO	WB	OECD	ILO	AIIB	MOHURD	Others
主流指数（指标）关联性	√				√		√	√	√	
方法/模型	$常住人口增长率=\frac{当期常住人口数-上期常住人口数}{上期常住人口数}\times100\%$									
主要数据来源	人口数据以社区及社区所在的区域和城市官方统计年鉴或人口普查报告为准。									

常住人口增长率

生态宜居（2）	公园绿地 500 米服务半径覆盖率									
指标含义	公共绿地空间是城市社区中向公众开放的，以游憩为主要功能，有一定的游憩设施和服务设施，同时兼有生态维护、环境美化、减灾避难等综合作用的绿化用地，是展示城市社区整体环境水平和居民生活质量的一项重要指标。									
以人为本（人民城市）	人生出彩机会		有序参与治理		享有品质生活		切实感受温度		拥有归属认同	
					√		√		√	
与 SDGs 的关联性	SDGs 11.7 到 2030 年，向所有人，特别是妇女、儿童、老年人和残疾人，普遍提供安全、包容、便利、绿色的公共空间。 SDGs 15.1 根据国际协议规定的义务，保护、恢复和可持续利用陆地和内陆的淡水生态系统及其服务，特别是森林、湿地、山麓和旱地。									
与 NUA 的关联性	NUA 37 我们承诺促进安全、包容、便利、绿色和优质的公共空间，包括街道、人行道和自行车道、广场、滨水区、花园和公园，这些公共空间可以促进社会互动和包容、人们的健康与福祉。									
相关国际机构（政府部门）	UN-Habitat	UNEP	UNICEF	UNESCO	WB	OECD	ILO	AIIB	MOHURD	Others
主流指数（指标）关联性	√	√			√	√			√	√
方法/模型	$公园绿地500米服务半径覆盖率=\frac{社区公园绿地面积}{人口总数}$									
主要数据来源	生态资源数据以社区及社区所在的区域和城市官方统计年鉴或城市规划部门年度工作报告为准。									

公园绿地 500 米服务半径覆盖率

（3）生活垃圾无害化处理率

在万里，从居民到志愿者，从家庭到楼组，通过形式多样的宣传和引导，越来越多的居民积极投身于垃圾分类，不断推动垃圾分类从践行“新时尚”，到养成“新习惯”。万里街道建设了垃圾分类处理中心，配备了先进的分类处理设备，对不同类型的垃圾进行有效处理和利用。同时，为辖区 33 个小区安装智能设施 79 套，对垃圾乱堆放、未入桶、满溢等场景均能及时预警。街道城运中心能实时监控所有投放点位情况，对发现的问题及时推送处置。街道还利用“沿街商铺通”管理 APP 对辖区沿街商铺垃圾分类数据进行定时采集与研判，及时发现问题并上门督导。在生活垃圾分类推进过程中，万里街道集思广益、因地制宜，涌现出多种特色分类模式，并在上海市 2022 年下半年度生活垃圾分类实效综合考评中获得普陀区第一，全市排名 14 的佳绩。万里街道的垃圾处理模式具有可推广、可复制性，可以实现生活垃圾减量化、资源化、无害化。

生态宜居（3）	生活垃圾无害化处理率									
指标含义	生活垃圾是指在日常生活中或者为日常生活提供服务的活动中产生的固体废弃物。生活垃圾产生量对城市社区环境有直接影响，提高生活垃圾无害化处理率是城市社区环境可持续发展的重要指标。									
以人为本（人民城市）	人生出彩机会		有序参与治理		享有品质生活		切实感受温度		拥有归属认同	
			√		√					
与 SDGs 的关联性	SDGs 12.4 根据商定的国际框架，实现化学品和所有废物在整个存在周期的无害环境管理，并大幅减少它们排入大气以及渗漏到水和土壤的机率，尽可能降低它们对人类健康和环境造成的负面影响。 SDGs 12.5 到 2030 年，通过预防、减排、回收和再利用，大幅减少废物的产生。									
与 NUA 的关联性	NUA 74 我们承诺促进环境友好型废物管理和大幅减少废物产生，为此将减少、再使用和回收处理废物，最大限度减少垃圾填埋，在废物无法被回收利用时或为达到最佳环境效果而将废物转化为能源。									
相关国际机构（政府部门）	UN-Habitat	UNEP	UNICEF	UNESCO	WB	OECD	ILO	AIIB	MOHURD	Others
主流指数（指标）关联性	√	√						√	√	√
方法/模型	$生活垃圾无害化处理率=\frac{生活垃圾无害化处理量}{生活垃圾产生量}\times 100\%$									
主要数据来源	生态环境数据以社区及社区所在的区域和城市官方统计年鉴或生态环境管理部门专项（年度）报告为准。									

生活垃圾无害化处理率

4. 大众文化维度

（1）公共文化设施获取性

万里街道社区文化活动中心作为社区公共文化服务的主阵地，一直注重和发扬文化的多样性、创造性、传承性，通过开展各类特色活动，弘扬和传承优秀文化，满足万里居民对于文化的高品质需求。大剧场位于公共服务中心的二楼，总面积约 800 平方米，共有 248 个座位，可举办各类文艺演出、特色讲座，并定期放映公益电影，为居民奉上文化视听盛宴。三楼的人民作家创作基地，是为社区里的文学爱好者度身定制的一处共享空间。万里街道积极营造全龄友好的社区人文环境，通过文化品牌打造“社区参与式”文化活动，建立社区居民、社区志愿者、社会工作者、慈善资源等多方力量参与自治共治共享的平台。

（2）大众文化活动丰富度

目前，万里社区已配有街道级社区文化活动中心 1 处，居民区综合文化活动室 21 个，片区中心 3 处，街道图书馆 1 处，设施数量和规模都满足新引导要求。近年来，万里社区依托人民生活作家创作基地，集聚市、区文化资源，承办国际诗歌节“诗风万里”专场活动，持续打响“万里花海”“万里观光”“万里夜跑嘉年华”等文化品牌。在大众文化活动的丰富程度上，万里街道不断推

大众文化（1）	公共文化设施获取性									
指标含义	公共文化设施是公众文化交流和学习的重要场所，例如图书馆、博物馆、文化馆、艺术表演场馆等。推进城市社区文化基础设施建设，使公众能够便利地使用这些文化基础设施是社区实现可持续发展的重要方面。									
以人为本（人民城市）	人生出彩机会		有序参与治理		享有品质生活		切实感受温度		拥有归属认同	
					√		√		√	
与 SDGs 的关联性	**SDGs 4.7** 到 2030 年，确保所有从事学习的人都掌握可持续发展所需的知识和技能，具体做法包括开展可持续发展、可持续生活方式、人权和性别平等方面的教育，弘扬和平和非暴力文化、提升全球公民意识，以及肯定文化多样性和文化对可持续发展的贡献。									
与 NUA 的关联性	**NUA 38** 我们承诺在国家、国家以下和地方各级通过综合的城市和地域政策和适当投资，妥善地可持续利用城市和人类住区中有形和无形的自然遗产和文化遗产，承诺保障和促进文化基础设施与场地、博物馆、土著文化和语言以及传统知识和艺术，强调它们在恢复和振兴城市地区活力以及在加强社会参与和践行公民精神方面发挥的作用。									
相关国际机构（政府部门）	UN-Habitat	UNEP	UNICEF	UNESCO	WB	OECD	ILO	AIIB	MOHURD	Others
主流指数（指标）关联性	√			√	√	√			√	√
方法/模型	$公共文化设施获取性 = \frac{公共文化设施（图书馆、博物馆、文化馆、艺术表演场馆等）数量}{人口总数} \times 10000$									
主要数据来源	数据以社区及社区所在的区域和城市官方统计年鉴或文化旅游、文物部门年度工作（专题）报告为准。									

公共文化设施获取性

大众文化（2）	大众文化活动丰富度									
指标含义	大众文化是社区文化多样性的重要体现，流行、普及和亲民都是大众文化的重要特征。随着社会经济的发展，大众文化活动是否丰富，是否能够满足大众对文化活动的需求，民众有直观的感受和反馈，这些信息都是推进城市社区大众文化普及和推广的重要依据。									
以人为本（人民城市）	人生出彩机会		有序参与治理		享有品质生活		切实感受温度		拥有归属认同	
					√		√		√	
与 SDGs 的关联性	SDGs 4.7 到 2030 年，确保所有从事学习的人都掌握可持续发展所需的知识和技能，具体做法包括开展可持续发展、可持续生活方式、人权和性别平等方面的教育，弘扬和平和非暴力文化、提升全球公民意识，以及肯定文化多样性和文化对可持续发展的贡献。									
与 NUA 的关联性	NUA 26 我们承诺促进文化发展，尊重多样性和平等，将之作为我们城市和人类住区人性化的关键要素。									
相关国际机构（政府部门）	UN-Habitat	UNEP	UNICEF	UNESCO	WB	OECD	ILO	AIIB	MOHURD	Others
主流指数（指标）关联性	√			√					√	√
方法/模型	通过随机抽样调查和访谈等方式分析民众对社区大众文化活动种类多样性进行评价，以样本均值来表示。									
主要数据来源	主要以调查问卷方式获取相关信息，辅助使用已有地区或国际权威机构的相关调查和统计数据。									

大众文化活动丰富度

陈出新，推动公共文化服务的多样性，保障各年龄段人群都能参与到不同的文化活动中，并通过设计对应维度的活动来关注脆弱人群。此外，万里街道还积极承办市级、国家级重大文化活动，参与推动文化的交流和发展，不断完善各类文化服务设施，为公众带来越来越多、精彩的文化活动。

5. 安全韧性维度

（1）应急避难场所覆盖率

2023 年 5 月，根据《关于区政协第十五届二次会议第 152024 号提案的办理意见》，在街镇属地监管层面，万里街道加强灾害天气应急疏散演练培训，组建辖区 30 个单位、240 人的应急保障力量，组织开展专项应急培训，提高保障能力。万里街道不断提升社区的防灾减灾能力，主要措施包括完善防灾减灾管理机制、健全救灾物资储备体系、加快应急避难场所建设、提升自然灾害监测预警能力、推进应急避难场所建设、完善应急救灾生命通道系统等。

（2）每千人刑事犯罪案件数量

万里街道依托“法治为城市赋能”理念，将法治作为提升社区治理体系和治理能力的“金钥匙”。街道一方面推进“法官进社区”，依托区法院法官、社区退休法官组成的专业力量下沉社区，化解小矛盾、小纠纷，并通过提供法律咨询、法治讲座、现场调解等各种服务，让群众能够在家门口零距离了解最新、最专业的法律知识；另一方面推动开设社区法庭，通过搭建合议厅和移动法庭团队下沉社区办案，高效服务居民。“家门口”的庭审不仅降低了当事人的诉讼成本，也成为社区居民学法、知法的课堂。万里街道从法制赋能入手，提高居民的法律知识水平，以社区法庭的形式消除社区矛盾，营造社区和谐安全的氛围，不断强化风险防范意识，常态化开展扫黑除恶斗争，深化平安创建活动，严厉打击各类违法犯罪活动，健全完善社会治安防控体系，努力建设更高水平的平安社区。

<table>
<tr><th>安全韧性（1）</th><th colspan="10">应急避难场所覆盖率</th></tr>
<tr><td>指标含义</td><td colspan="10">应急避难场所是应对突发公共事件的一项灾民安置措施，是城市社区用于民众躲避火灾、爆炸、洪水、地震、疫情等重大突发公共事件的安全避难场所。因此，城市社区应急避难场所的建设从规划伊始就要提上日程，而且要尽可能实现社区全覆盖，从而提升城市社区安全韧性。</td></tr>
<tr><td rowspan="2">以人为本（人民城市）</td><td colspan="2">人生出彩机会</td><td colspan="2">有序参与治理</td><td colspan="2">享有品质生活</td><td colspan="2">切实感受温度</td><td colspan="2">拥有归属认同</td></tr>
<tr><td colspan="2"></td><td colspan="2">√</td><td colspan="2"></td><td colspan="2">√</td><td colspan="2">√</td></tr>
<tr><td>与 SDGs 的关联性</td><td colspan="10">SDGs 11.b 到 2020 年，大幅增加采取和实施综合政策和计划以构建包容、资源使用效率高、减缓和适应气候变化、具有抵御灾害能力的城市和人类住区数量，并根据《2015-2030 年仙台减少灾害风险框架》在各级建立和实施全面的灾害风险管理。</td></tr>
<tr><td>与 NUA 的关联性</td><td colspan="10">NUA 77-2 我们承诺加强城市和人类住区的韧性，特别是在风险易发区，包括贫民窟，使家庭、社区、机构和服务能够对冲击或潜在压力等灾患影响作出准备、反应、适应并迅速恢复。</td></tr>
<tr><td>相关国际机构（政府部门）</td><td>UN-Habitat</td><td>UNEP</td><td>UNICEF</td><td>UNESCO</td><td>WB</td><td>OECD</td><td>ILO</td><td>AIIB</td><td>MOHURD</td><td>Others</td></tr>
<tr><td>主流指数（指标）关联性</td><td>√</td><td>√</td><td></td><td></td><td>√</td><td></td><td>√</td><td></td><td>√</td><td>√</td></tr>
<tr><td>方法/模型</td><td colspan="10">$$应急避难场所覆盖率=\frac{配备应急避难场所的社区数量}{小区总数量}\times 100\%$$</td></tr>
<tr><td>主要数据来源</td><td colspan="10">应急安全数据以社区及社区所在的区域和城市官方统计年鉴或应急管理部门年度工作（专题）报告为准。</td></tr>
</table>

应急避难场所覆盖率

<table>
<tr><th>安全韧性（2）</th><th colspan="10">每千人刑事犯罪案件数量</th></tr>
<tr><td>指标含义</td><td colspan="10">公共安全是社会和公民个人从事和进行正常的生活、工作、学习、娱乐和交往所需要的稳定的外部环境和秩序，也是城市社区可持续发展的核心前提之一。其中，刑事案件发生数量是城市公共安全评估的一个重要指标。</td></tr>
<tr><td rowspan="2">以人为本（人民城市）</td><td colspan="2">人生出彩机会</td><td colspan="2">有序参与治理</td><td colspan="2">享有品质生活</td><td colspan="2">切实感受温度</td><td colspan="2">拥有归属认同</td></tr>
<tr><td colspan="2"></td><td colspan="2"></td><td colspan="2">√</td><td colspan="2">√</td><td colspan="2"></td></tr>
<tr><td>与 SDGs 的关联性</td><td colspan="10">SDGs 16.1 在全球大幅减少一切形式的暴力和相关的死亡率。
SDGs 16.2 制止对儿童进行虐待、剥削、贩卖以及一切形式的暴力和酷刑。
SDGs 16.a 通过开展国际合作等方式加强相关国家机制建设，在各层级提高各国尤其是发展中国家的能力建设，以预防暴力，打击恐怖主义和犯罪行为。</td></tr>
<tr><td>与 NUA 的关联性</td><td colspan="10">NUA 14a 促进安全以及消除歧视和一切形式的暴力。</td></tr>
<tr><td>相关国际机构（政府部门）</td><td>UN-Habitat</td><td>UNEP</td><td>UNICEF</td><td>UNESCO</td><td>WB</td><td>OECD</td><td>ILO</td><td>AIIB</td><td>MOHURD</td><td>Others</td></tr>
<tr><td>主流指数（指标）关联性</td><td>√</td><td></td><td></td><td></td><td>√</td><td>√</td><td>√</td><td></td><td>√</td><td>√</td></tr>
<tr><td>方法/模型</td><td colspan="10">$$每千人刑事犯罪案件数量=\frac{刑事案件发生数量}{人口数量}\times 1000$$</td></tr>
<tr><td>主要数据来源</td><td colspan="10">社会治安数据以社区及社区所在的区域和城市官方统计年鉴或公安、检察院、法院等部门年度工作（专题）报告为准。</td></tr>
</table>

每千人刑事犯罪案件数量

6. 社会治理维度

（1）公众信访及时受理率

万里街道在市、区政法委的支持、指导下，聚焦“防源头、治未病”，率先把心理学引入矛盾化解工作，并在全区首家试点“心防工程”体系建设，创新“解忧 + 解纷”工作法。经过 4 年，万里街道“心防工程”实现社区矛盾发生总数、重复信访率、个人极端事件数量、矛盾一次性化解率的“三降一升”，“心防工程”融入信访“家门口”服务体系的相关案例也入选 2023 年度上海信访“家门口”服务体系十大优秀案例。万里街道创新性地把“心防工程”融入信访制度中，使社区重复信访率、社区矛盾数等不断下降。同时，万里街道建立靠谱解纷中心，使居民在家门口就能反馈各项意见和建议，大大提高信访效率，也降低了居民的信访门槛，不断提高居民生活满意度和社区治理效能，向着生态活力社区和可持续发展方向不断努力。

<table>
<tr><th>社会治理（1）</th><th colspan="10">公众信访及时受理率</th></tr>
<tr><td>指标含义</td><td colspan="10">信访是指公民个人或群体以书信、电子邮件、走访、电话、传真、短信等多种参与形式来反映情况，表达自身意见，请求解决问题，依法由有关行政机关处理的活动。信访的及时受理率是公众的各类关切是否能够快速得到回应的重要前提，也是评价城市社区治理水平和效率的重要指标。</td></tr>
<tr><td rowspan="2">以人为本（人民城市）</td><td colspan="2">人生出彩机会</td><td colspan="2">有序参与治理</td><td colspan="2">享有品质生活</td><td colspan="2">切实感受温度</td><td colspan="2">拥有归属认同</td></tr>
<tr><td colspan="2"></td><td colspan="2">√</td><td colspan="2">√</td><td colspan="2">√</td><td colspan="2">√</td></tr>
<tr><td>与 SDGs 的关联性</td><td colspan="10">SDGs 12.8 到 2030 年，确保各国人民都能获取关于可持续发展以及与自然和谐相处的生活方式的信息。
SDGs 16.10 根据国家立法和国际协议，确保公众获得各种信息，保障基本自由。</td></tr>
<tr><td>与 NUA 的关联性</td><td colspan="10">NUA 42 我们支持国家、地区和地方各级政府酌情履行关键职能，加强所有相关利益攸关方之间的互动，提供对话机会，包括采取顾及年龄和促进性别平等的办法，并特别注意男子和妇女、儿童和青年、老年人和残疾人、土著人民和地方社区、难民、境内流离失所者和移民(无论何种移民身份)等社会各阶层的潜在贡献。</td></tr>
<tr><td>相关国际机构（政府部门）</td><td>UN-Habitat</td><td>UNEP</td><td>UNICEF</td><td>UNESCO</td><td>WB</td><td>OECD</td><td>ILO</td><td>AIIB</td><td>MOHURD</td><td>Others</td></tr>
<tr><td>主流指数（指标）关联性</td><td>√</td><td></td><td></td><td>√</td><td>√</td><td>√</td><td></td><td>√</td><td>√</td><td>√</td></tr>
<tr><td>方法/模型</td><td colspan="10">$$公众信访及时受理率 = \frac{及时受理信访数量}{信访总量} \times 100\%$$</td></tr>
<tr><td>主要数据来源</td><td colspan="10">信访数据以社区及社区所在的区域和城市官方统计年鉴或信访管理部门年度工作（专题）报告为准。</td></tr>
</table>

公众信访及时受理率

（2）老旧小区综合整治改造率

以解决居民“急难愁盼”为宗旨，以提升社区宜居环境为目标，万里街道持续推进老旧小区设施改造。凯旋花园、万里四季苑均已完成综合修缮改造，项目包括小区楼栋外立面更新，门头、门洞、外围墙翻新，小区内树木修整、绿化补种等。街道积极关注社区居民老龄化程度，进行居民楼加梯工程，“梯”升居民幸福感，不断改善小区内部环境，优化小区公共空间，提升社区宜居品质。

（3）公众对社区治理参与意愿

万里街道探索创新党建引领居民群众自治机制，完善自治体系，其中具有代表性的是中环锦园居民区党总支成立的由居民代表、楼组长代表和文娱团队骨干共同组成的社区事务议事会，参与到居民意见征集反馈的过程之中。万里街道采取多项行动鼓励公众参与社区治理，以居务公开为钥匙打开居民自治的大门，促进广泛的社会监督，再结合自身特色的信访制度，使万里街道的社区公众自治跨上了新的高度。

社会治理（2）	老旧小区综合整治改造率									
指标含义	老旧小区综合整治改造率是指社区建成区内已改造达标老旧小区数量，占社区建成老旧小区总数的百分比。达标的老旧小区是指符合当地老旧小区改造工程质量验收标准的改造小区。通过老旧小区改造，改善居民住房水平，提高生活品质。									
以人为本（人民城市）	人生出彩机会		有序参与治理		享有品质生活		切实感受温度		拥有归属认同	
			√		√		√		√	
与 SDGs 的关联性	**SDGs 11.1** 到 2030 年，确保人人获得适当、安全和负担得起的住房和基本服务，并改造贫民窟。									
与 NUA 的关联性	**NUA 13（a）** 人人不受歧视地充分拥有适当生活水准权所含的适当住房权，人人普遍享有安全和负担得起的饮用水和卫生设施，以及人人平等获得在粮食安全和营养、卫生、教育、基础设施、出行和交通、能源、空气质量和生计等方面的公共产品和优质服务。 **NUA 95** 提供获得可持续、负担得起、适当、具有抵御灾害能力、安全的住房、基础设施和服务的机会。 **NUA 99** 我们将通过向所有人提供负担得起、有优质基本服务和公共空间配套的住房选择，酌情支持执行有助于不同社会群体混居的城市规划战略，加强安全保障，促进社会和代际互动，倡导城市多样性。									
相关国际机构（政府部门）	UN-Habitat	UNEP	UNICEF	UNESCO	WB	OECD	ILO	AIIB	MOHURD	Others
主流指数（指标）关联性	√			√	√	√		√	√	√
方法/模型	$老旧小区综合整治改造率=\frac{建成区已改造老旧小区达标数量}{建成区老旧小区总数}\times 100\%$									
主要数据来源	数据以社区及社区所在的区域和城市官方统计年鉴或住建部门年度工作（专题）报告为准。									

老旧小区综合整治改造率

社区治理（3）	公众对社区治理参与意愿									
指标含义	社区是居民生活的主要基本区域，也是社会的基本单元，社区治理是社会治理的重要基础。居民通过参与社区治理能够更直接地诉求自身利益，是促进城市社区和谐发展、实现城市社区治理现代化的重要途径。通过提高居民参与社区治理意愿，打造共建共治共享的社区治理新格局。									
以人为本（人民城市）	人生出彩机会	有序参与治理	享有品质生活	切实感受温度	拥有归属认同					
		√			√					
与 SDGs 的关联性	**SDGs 16.7** 确保各级的决策反应迅速，具有包容性、参与性和代表性。									
与 NUA 的关联性	**NUA 13b** 具有参与性，促进市民参与，使所有居民都能产生归属感和主人翁意识。 **NUA 15c** 加强城市治理，建立健全的机构和机制，增强各类城市利益攸关方的权能，使其参与其中，并建立适当的制衡机制，使城市发展计划具有可预测性和协调一致性，以实现社会包容，促进持久、包容和可持续的经济增长，并促进环境保护。 **NUA 41** 我们承诺在城市和人类住区促进机构、政治、法律和金融机制建设，以根据国家政策扩大包容型平台，使所有人都能切实参与决策、规划和落实进程，并加强公民参与、合作供应及合作生产。									
相关国际机构（政府部门）	UN-Habitat	UNEP	UNICEF	UNESCO	WB	OECD	ILO	AIIB	MOHURD	Others
主流指数（指标）关联性	√				√	√	√		√	
方法/模型	问卷调查									
主要数据来源	主要以调查问卷方式获取相关信息，辅助使用已有国际权威机构的相关调查和统计数据。									

公众对社区治理参与意愿

7. 创新赋能维度

（1）社区志愿服务者数量

万里街道于 2015 年 10 月 12 日成立青年志愿服务团队，是在普陀区万里街道社区志愿服务中心领导下的志愿团体。万里志愿团队包括主要服务于养老院与社区老人的万里臻爱志愿服务社以及万里街道第二梯队志愿服务团队，他们以实际行动、暖心服务在未来文明实践服务中发挥公益力量，凝聚志愿精神。

（2）社区网格化管理覆盖率

通过全量纳管发现机制，靠谱解纷中心运用“铁脚板 + 大数据”将被动受理矛盾转为主动摸排化解矛盾。在主动出击方面，靠谱解纷中心建立了“3+15+X”的阵地体系，在 3 个片区、15 个居民区、若干个重点场所设立解纷站，织密治理网络，进一步提升将矛盾纠纷处理在基层的能力。在网格化管理方面，万里街道不断提高社区治理的精细化程度，提升社区管理水平。通过网格化管理，万里街道可以更好地掌握居民需求，为居民提供更加高效、便捷的服务。

创新赋能（1）	社区志愿服务者数量									
指标含义	志愿服务是指在不求回报的情况下，为改善社会环境，促进社会进步而自愿付出个人的时间及精力所作出的服务工作。志愿者数量是评估社区志愿服务能力和资源的一个重要指标，它可以反映社区的凝聚力、影响力和发展潜力，评估社区服务水平和质量，以及促进社区发展和改善社会环境。									
以人为本（人民城市）	人生出彩机会		有序参与治理		享有品质生活		切实感受温度		拥有归属认同	
	√				√				√	
与 SDGs 的关联性	SDGs 11.3 到 2030 年，在所有国家加强包容和可持续的城市建设，加强参与性、综合性、可持续的人类住区规划和管理能力。									
与 NUA 的关联性	NUA 13b 具有参与性，促进市民参与，使所有居民都能产生归属感和主人翁意识。 NUA 15c-2 加强城市治理，建立健全的机构和机制，增强各类城市利益攸关方的权能，使其参与其中，并建立适当的制衡机制，使城市发展计划具有可预测性和协调一致性，以实现社会包容，促进持久、包容和可持续的经济增长，并促进环境保护。									
相关国际机构（政府部门）	UN-Habitat	UNEP	UNICEF	UNESCO	WB	OECD	ILO	AIIB	MOHURD	Others
主流指数（指标）关联性	√				√		√	√	√	
方法/模型	$\text{社区志愿服务者数量（每千人）} = \frac{\text{社区志愿服务者数量}}{\text{人口数量}} \times 1000$									
主要数据来源	数据以社区及社区所在的区域和城市官方统计年鉴或管理职能部门年度工作（专题）报告为准。									

社区志愿服务者数量

创新赋能（2）	社区网格化管理覆盖率									
指标含义	社区网格化管理是一种管理体系和模式的创新，将社区管理辖区按照一定的标准划分成为单元网格。通过加强对单元网格的部件和事件巡查，建立一种监督和处置互相分离的形式。主要是通过网格员对辖区范围内的人、地、事、物、组织五大要素进行全面的信息采集管理。网格化管理也是社区实现精细化治理和可持续发展的重要途径。									
以人为本（人民社区）	人生出彩机会		有序参与治理		享有品质生活		切实感受温度		拥有归属认同	
			√				√			
与 SDGs 的关联性	SDGs 11.3 到 2030 年，在所有国家加强包容和可持续的社区建设，提升具有参与性、综合性、可持续的人类住区规划和管理能力。 SDGs 16.7 确保各级的决策反应迅速，具有包容性、参与性和代表性。									
与 NUA 的关联性	NUA 41 我们承诺在社区和人类住区促进机构、政治、法律和金融机制建设，以根据国家政策扩大包容型平台，使所有人都能切实参与决策、规划和落实进程，并加强公民参与、合作供应及合作生产。									
相关国际机构（政府部门）	UN-Habitat	UNEP	UNICEF	UNESCO	WB	OECD	ILO	AIIB	MOHURD	Others
主流指数（指标）关联性	√				√	√	√		√	
方法/模型	$\text{社区网格化管理覆盖率} = \frac{\text{社区网格化管理覆盖面积}}{\text{社区建成区面积}} \times 100\%$									
主要数据来源	数据以社区及社区所在的区域和城市官方统计年鉴或管理职能部门年度工作（专题）报告为准。									

社区网格化管理覆盖率

（3）数字化服务便利度

万里街道社区事务受理服务中心将“一网通办”作为提升城市治理现代化水平的重要抓手，聚焦服务点位分布不均、老年群体等候久、疑难杂事项难办理等问题，探索流程再造、服务创新，提升办事体验，打造“便捷、透明、亲和”的服务窗口。中心构建“全覆盖、多层次、立体化”的服务格局，分别在多点布局延伸服务点与 24 小时自助服务，进一步方便居民就近办、家门口办；探索建设两个虚拟窗口，双虚拟窗口赋能打造“远程视频帮办”惠民服务新举措，以“智能双屏”让居民在“家门口”即可体验远程视频连线咨询，实现就医记录册更换、城乡居民基本医疗保险缴费等多项政务事项的远程办理。

创新赋能（3）	数字化服务便利度									
指标含义	数字化服务是指利用计算机、通信、网络等技术，通过统计技术量化管理对象与管理行为，实现研发、计划、组织、生产、协调、服务、创新等职能的活动。随着数字化技术的快速发展，数字化服务的高效率、低成本、易接受、高覆盖等诸多特点逐步显现。因此，为居民提供数字化服务的便利程度是城市社区可持续治理的重要评估指标。									
以人为本（人民城市）	人生出彩机会		有序参与治理		享有品质生活		切实感受温度		拥有归属认同	
			√		√		√			
与 SDGs 的关联性	SDGs 9.c 大幅提升信息和通信技术的普及度，为最不发达国家以低廉的价格普遍提供因特网服务。 SDGs 17.18 加强向发展中国家，包括最不发达国家和小岛屿发展中国家提供的能力建设支持，大幅增加获得按收入、性别、年龄、种族、民族、地理位置和与各国国情有关的其他特征分类的高质量、及时和可靠的数据。									
与 NUA 的关联性	NUA 66 我们承诺采用智能城市办法，利用数字化、清洁能源和技术以及创新交通技术所带来的机会，为居民作出更有益环境的选择和提振可持续经济增长提供备选方案，并使城市能够更好地提供服务。									
相关国际机构（政府部门）	UN-Habitat	UNEP	UNICEF	UNESCO	WB	OECD	ILO	AIIB	MOHURD	Others
主流指数（指标）关联性	√			√	√	√	√		√	
方法/模型	设计与数字化服务相关的调查问卷，请居民来对各项在线服务的便利程度进行打分，最后以样本均值来代表。									
主要数据来源	主要以调查问卷方式获取相关信息，辅助使用已有国际权威机构的相关调查和统计数据。									

数字化服务便利度

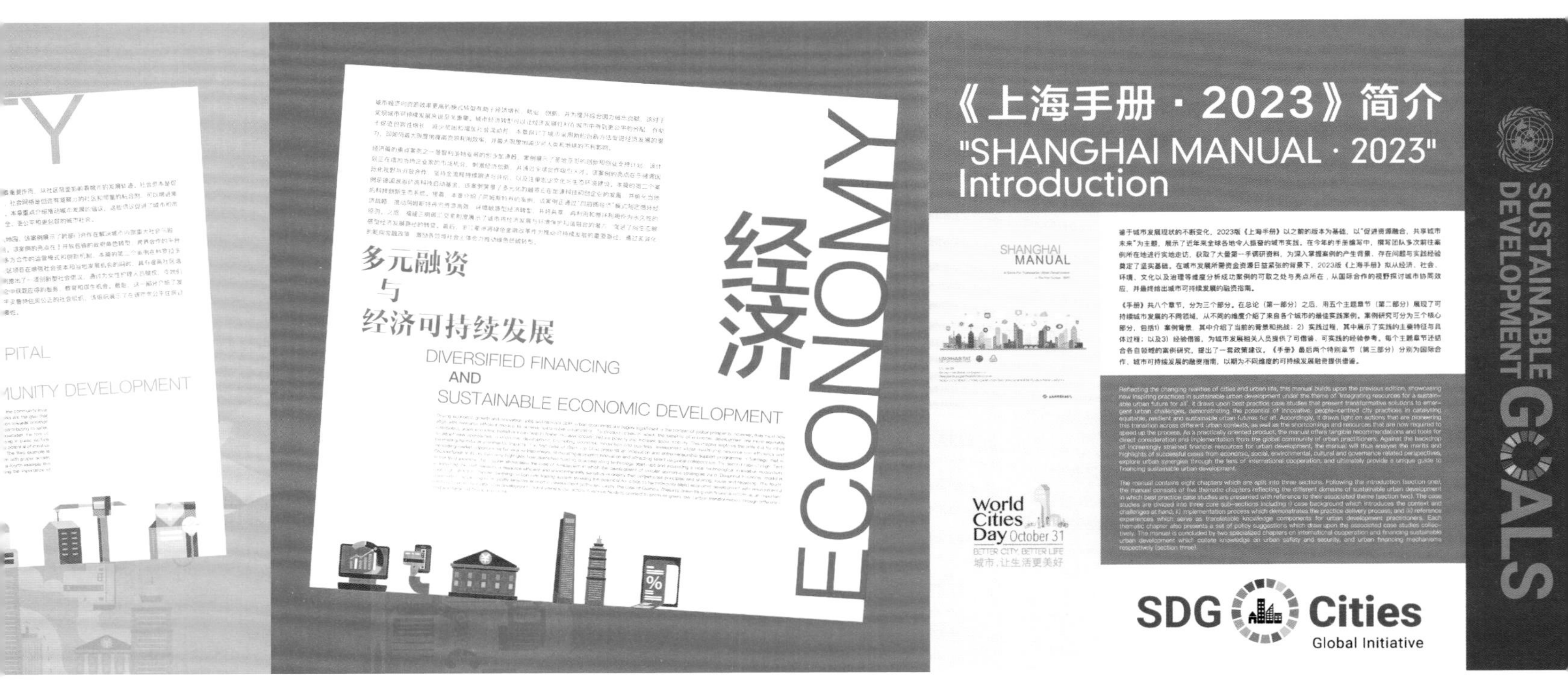

数据收集与社区用户画像

社区空间设计中的数据收集与社区用户画像的建立，对于确保空间的有效性和满足居民的需求至关重要。通过收集数据，设计师可以更好地了解社区成员的日常活动、偏好和需求。这些信息有助于创建反映社区文化和价值观的空间，确保设计满足用户的实际需求。用户画像可以帮助设计师从用户的角度出发，关注其行为模式和体验。设计可以更加人性化，从而提升居民的满意度和空间使用效率。社区空间设计不仅要考虑当前需求，还要预见未来变化。数据分析可以预测未来趋势，帮助设计师规划可以适应时间变迁的灵活和可持续的空间。数据和用户画像为社区管理者提供了有力的决策支持。它们可以用来证明某些设计选择的必要性，或者为未来的改进提供方向。

“三愿”单

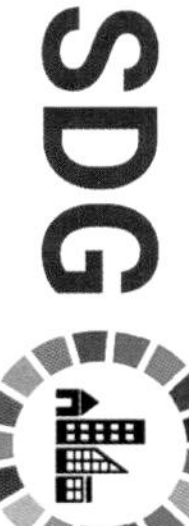

万里社区也多次通过这样的方式广泛征集社情民意，协同共管和服务人民城市微样板。2023年9月8日，在万里街道党群服务中心，万里社区成功开展世界城市日活力社区座谈会，邀约居委干部、居民代表、园区企业代表等，就万里社区的现有情况和未来发展展开讨论，先后盘点万里社区建设情况、个人在万里发展过程中的受益点、对社区未来发展的愿景展望，同时比较和评价万里与其他社区，并采集居民对未来发展中的承担意愿。座谈会还请园区企业代表对社区营商环境给予评价，并给出了驻留万里的理由。会上发放“三愿”单由居民进行填写，“三愿”即对万里社区的志愿、意愿和祈愿，从而了解居民能做什么、认为哪些需要改善以及心中理想社区的样子。同时推出《万里活力社区问需单》，邀约居民线上完成，并在2023世界城市日“有爱的家园”——活力万里，社区可持续发展系列活动上正式发布。问需单从“邻里活力、场景活力、社群活力、福祉活力、文艺活力、环境活力”六个维度共计24个问题问需于民，助力营造活力社区，同时为“世界城市日万里街道活力社区指标体系”提供坚实的数据支撑。

建立数据收集与社区用户画像是一个循环不断的过程，不仅对社区建设阶段至关重要，也会在后续的评估和改进阶段发挥重要作用。通过深入理解社区成员并将这些见解应用于建设中，可以创造出更加和谐、高效和愉悦的生活环境。万里案例展示了近年来上海持续推动社区治理的创新成果，其社区规划中，也始终包含居民参与的智慧。未来的万里，还可以让社区能人发挥更大的作用。

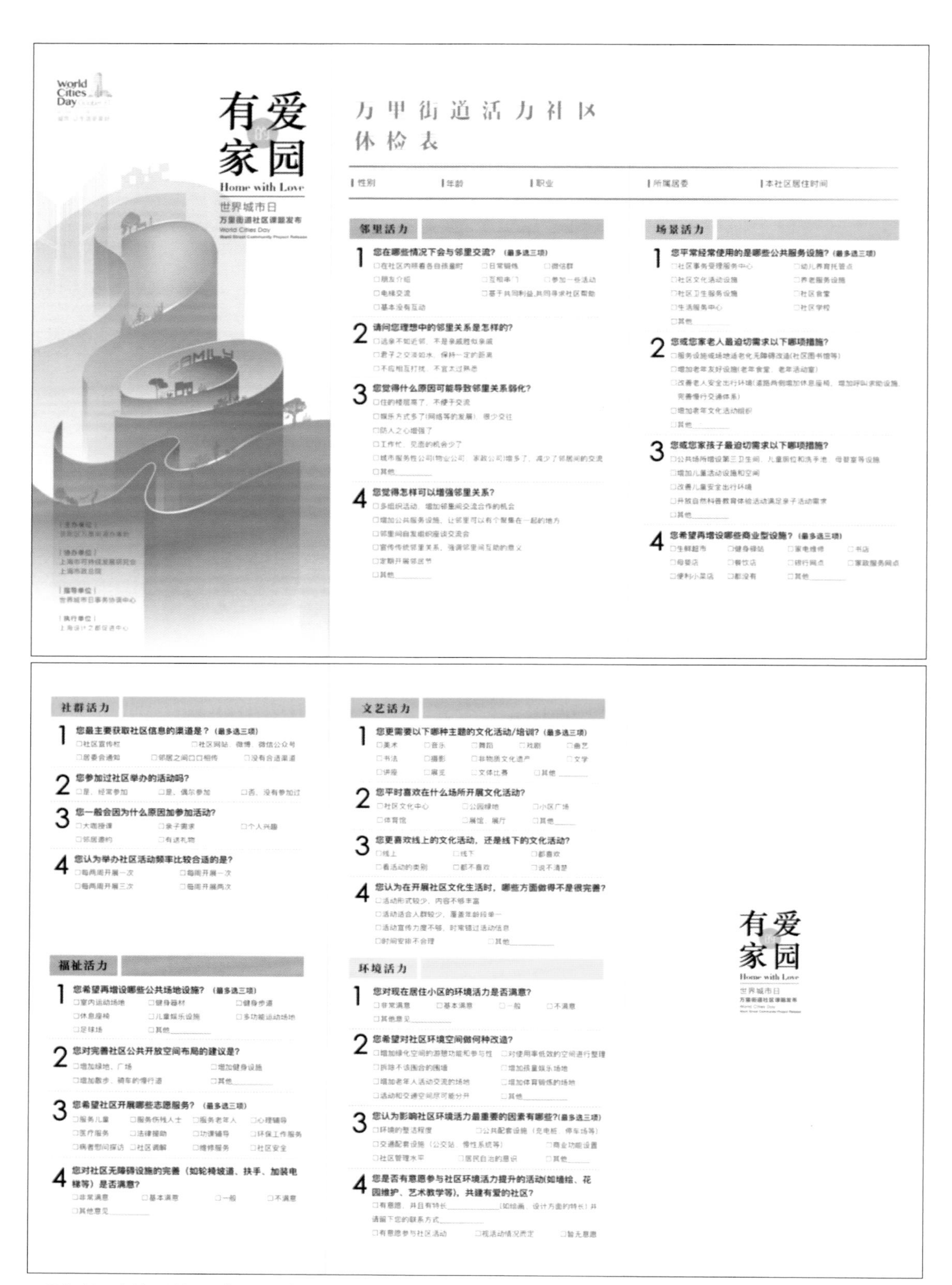

有爱的家园
Home with Love
世界城市日
万里街道社区课题发布
World Cities Day

万里街道活力社区体检表

| 性别 | 年龄 | 职业 | 所属居委 | 本社区居住时间

邻里活力

1 您在哪些情况下会与邻里交流？（最多选三项）
☐在社区内照看各自孩童时 ☐日常锻炼 ☐微信群
☐朋友介绍 ☐互相串门 ☐参加一些活动
☐电梯交流 ☐基于共同利益,共同寻求社区帮助
☐基本没有互动

2 请问您理想中的邻里关系是怎样的？
☐远亲不如近邻，不是亲戚胜似亲戚
☐君子之交淡如水，保持一定的距离
☐不应相互打扰，不宜太过熟悉

3 您觉得什么原因可能导致邻里关系弱化？
☐住的楼层高了，不便于交流
☐娱乐方式多了(网络等的发展)，很少交往
☐防人之心增强了
☐工作忙，见面的机会少了
☐城市服务性公司(物业公司、家政公司)增多了，减少了邻居间的交流
☐其他________

4 您觉得怎样可以增强邻里关系？
☐多组织活动，增加邻里间交流合作的机会
☐增加公共服务设施，让邻里可以有个聚集在一起的地方
☐邻里间自发组织座谈交流会
☐宣传传统邻里关系，强调邻里间互助的意义
☐定期开展邻居节
☐其他________

场景活力

1 您平常经常使用的是哪些公共服务设施？（最多选三项）
☐社区事务受理服务中心 ☐幼儿养育托管点
☐社区文化活动设施 ☐养老服务设施
☐社区卫生服务设施 ☐社区食堂
☐生活服务中心 ☐社区学校
☐其他________

2 您或您家老人最迫切需求以下哪项措施？
☐服务设施或场地适老化无障碍改造(社区图书馆等)
☐增加老年友好设施(老年食堂、老年活动室)
☐改善老人安全出行环境(道路两侧增加休息座椅、增加呼叫求助设施、完善慢行交通体系)
☐增加老年文化活动组织
☐其他________

3 您或您家孩子最迫切需求以下哪项措施？
☐公共场所增设第三卫生间、儿童厕位和洗手池、母婴室等设施
☐增加儿童活动设施和空间
☐改善儿童安全出行环境
☐开放自然科普教育体验活动满足亲子活动需求
☐其他________

4 您希望再增设哪些商业型设施？（最多选三项）
☐生鲜超市 ☐健身驿站 ☐家电维修 ☐书店
☐母婴店 ☐餐饮店 ☐银行网点 ☐家政服务网点
☐便利小菜店 ☐都没有 ☐其他________

社群活力

1 您最主要获取社区信息的渠道是？（最多选三项）
☐社区宣传栏 ☐社区网站、微博、微信公众号
☐居委会通知 ☐邻居之间口口相传 ☐没有合适渠道

2 您参加过社区举办的活动吗？
☐是，经常参加 ☐是，偶尔参加 ☐否，没有参加过

3 您一般会因为什么原因加参加活动？
☐大咖授课 ☐亲子需求 ☐个人兴趣
☐邻居邀约 ☐有送礼物

4 您认为举办社区活动频率比较合适的是？
☐每两周开展一次 ☐每周开展一次
☐每两周开展三次 ☐每周开展两次

福祉活力

1 您希望再增设哪些公共场地设施？（最多选三项）
☐室内运动场地 ☐健身器材 ☐健身步道
☐休息座椅 ☐儿童娱乐设施 ☐多功能运动场地
☐足球场 ☐其他________

2 您对完善社区公共开放空间布局的建议是？
☐增加绿地、广场 ☐增加健身设施
☐增加散步、骑车的慢行道 ☐其他________

3 您希望社区开展哪些志愿服务？（最多选三项）
☐服务儿童 ☐服务伤残人士 ☐服务老年人 ☐心理辅导
☐医疗服务 ☐法律援助 ☐功课辅导 ☐环保工作服务
☐病者慰问探访 ☐社区调解 ☐维修服务 ☐社区安全

4 您对社区无障碍设施的完善（如轮椅坡道、扶手、加装电梯等）是否满意？
☐非常满意 ☐基本满意 ☐一般 ☐不满意
☐其他意见________

文艺活力

1 您更需要以下哪种主题的文化活动/培训？（最多选三项）
☐美术 ☐音乐 ☐舞蹈 ☐戏剧 ☐曲艺
☐书法 ☐摄影 ☐非物质文化遗产 ☐文学
☐讲座 ☐展览 ☐文体比赛 ☐其他________

2 您平时喜欢在什么场所开展文化活动？
☐社区文化中心 ☐公园绿地 ☐小区广场
☐体育馆 ☐展馆、展厅 ☐其他________

3 您更喜欢线上的文化活动，还是线下的文化活动？
☐线上 ☐线下 ☐都喜欢
☐看活动的类别 ☐都不喜欢 ☐说不清楚

4 您认为在开展社区文化生活时，哪些方面做得不是很完善？
☐活动形式较少，内容不够丰富
☐活动适合人群较少，覆盖年龄段单一
☐活动宣传力度不够，时常错过活动信息
☐时间安排不合理 ☐其他________

环境活力

1 您对现在居住小区的环境活力是否满意？
☐非常满意 ☐基本满意 ☐一般 ☐不满意
☐其他意见________

2 您希望对社区环境空间做何种改造？
☐增加绿化空间的游憩功能和参与性 ☐对使用率低效的空间进行整理
☐拆除不该围合的围墙 ☐增加孩童娱乐场地
☐增加老年人活动交流的场地 ☐增加体育锻炼的场地
☐活动和交通空间尽可能分开 ☐其他________

3 您认为影响社区环境活力最重要的因素有哪些?（最多选三项）
☐环境的整洁程度 ☐公共配套设施（充电桩、停车场等）
☐交通配套设施（公交站、慢性系统等） ☐商业功能设置
☐社区管理水平 ☐居民自治的意识 ☐其他________

4 您是否有意愿参与社区环境活力提升的活动(如墙绘、花园维护、艺术教学等)，共建有爱的社区？
☐有意愿，并且有特长________(如绘画、设计方面的特长)并请留下您的联系方式________
☐有意愿参与社区活动 ☐视活动情况而定 ☐暂无意愿

有爱的家园
Home with Love
世界城市日
万里街道社区课题发布

万里街道活力社区体检表（问需单）

社区新就业群体的空间网络

社区新就业群体的空间网络是一个复杂而动态的系统，它涉及社区内不同个体和组织之间的互动、资源分配、信息流通以及社会经济活动。这种网络的形成和发展，不仅受到经济、技术、社会和文化等多方面因素的影响，而且对社区的可持续发展具有重要意义。

从普陀区万里街道党工委的实践来看，他们通过建立联席会议平台、推动新就业群体融入城市社区、提供综合服务保障等措施，有效地促进了新就业群体的空间网络发展。这些措施不仅帮助新就业群体更好地融入社区，还为社区的经济发展和社会进步提供了动力。

未来，随着科技的进步和社会的变革，社区新就业群体的空间网络将面临更多挑战和机遇。大数据、云计算、物联网等技术的应用，将使空间网络更加智能化和精细化，提高社区管理和服务的效率。同时，社区治理模式的创新也将为新就业群体提供更好的生活环境。

然而，新就业群体的多样性和流动性也将增加空间网络的复杂性和不确定性。这要求社区管理者和服务提供者不断优化管理和服务策略，加强协调和沟通，以应对可能出现的矛盾和冲突。

对于政策制定者和社区组织者来说，理解和优化新就业群体的空间网络结构，将有助于他们制定更加科学合理的政策，促进社区经济的发展，增强社区的凝聚力，并提高居民的生活质量。这需要他们具备前瞻性的思维，不断学习和适应新的变化，同时也需要他们积极倾听社区成员的声音，确保政策和服务能够满足社区成员的实际需求。

总之，社区新就业群体的空间网络是一个不断发展变化的领域，它需要社区各方面的共同努力和智慧，以实现社区的和谐发展和居民的幸福生活。

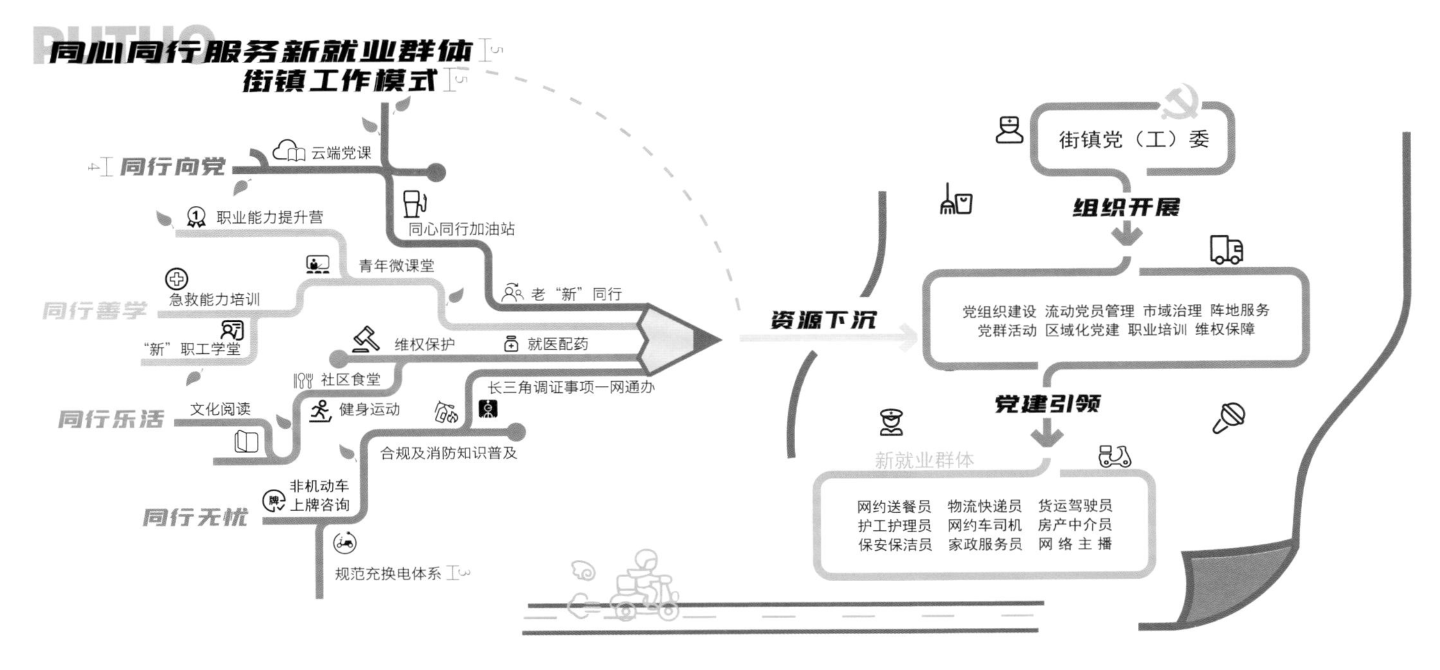

第3章
精细化管理品质社区

精细化管理品质社区指的是采用精细化的方法和手段来创造和维护一个高品质的居住环境。这种管理模式注重细节，追求卓越，力求在社区建设和运营过程中达到最优质的居住体验。精细化管理包含持续改进、整体性思考或社区共生。强调了整体和部分之间的相互关系，以及为了长远目标而进行的持续努力。

精细化管理的目的是通过提高社区管理的专业性、系统性和科学性，使社区成为更适宜居住、环境更美好、服务更优质、居民更满意的地方。在实践中，精细化管理需要社区管理者具备高度的责任感和服务意识，以及对社区运营各个环节的精准把控能力。

案例解析

徐汇区“美丽街区”景观道路提升

街区更新设计

总设计师： 钟　律

项目负责人： 张翼飞　贺文雨

景观设计： 陈　榕　钟肖寅　方明松　赵文瑜　吴　伟　范德高　冯　冉　马　婧　王京辉　白浩哲　吴若昊　陈鹏鹏　孙　泉　许晶莹

建筑设计： 章俊骏　黄一骅　郭海艇　杨位卿　孙　迪　叶　繁　沈轶菲

电气设计： 王　恩　杨　梅

结构设计： 李　翠　王晓钦

给水排水设计： 李　婷　肖　冰

建设单位： 上海市徐汇区绿化和市容管理局

规划设计导则

总设计师： 钟　律

项目负责人： 付苏晨

规划设计： 张　清　赵一成　栾昌海　徐迪航　贾松宸　吴　伟

建设单位： 上海市徐汇区建设和管理委员会

徐汇区“精致街区”街道要素

徐汇区作为全国标准化规范化试点单位和上海海派文化重要承载地，始终坚持人民城市营城理念，践行精细化建设管理。通过街道全要素一体化设计，构建点线面结合的街道精细化管理对象，建立系统化的管控标准。

形成“工作手册 + 实施细则”的成果，重点聚焦徐汇区街道环境提升最迫切的要素及要求，为设计师、建设者提供必要的更加简约、专注、高效的工作指导和规范行为准则，传达徐汇区精致街区 · 精细化治理的文化价值观。

徐汇区“精致街区”规划导则总体目标

卓越城区 · 精致街区

徐汇区以架空线入地和合杆整治为契机，全面提升街区风貌和环境品质，打造精细化管理的标杆区域。结合“美丽街区”“美丽家园”建设打出“组合拳”，对涉及路段的住宅小区、街道立面、商业业态、城市家具等统一规划、整体设计、同步改造，做到与风貌保护、业态调整和小区综合治理同步，使绿化、建筑、色调和谐统一。

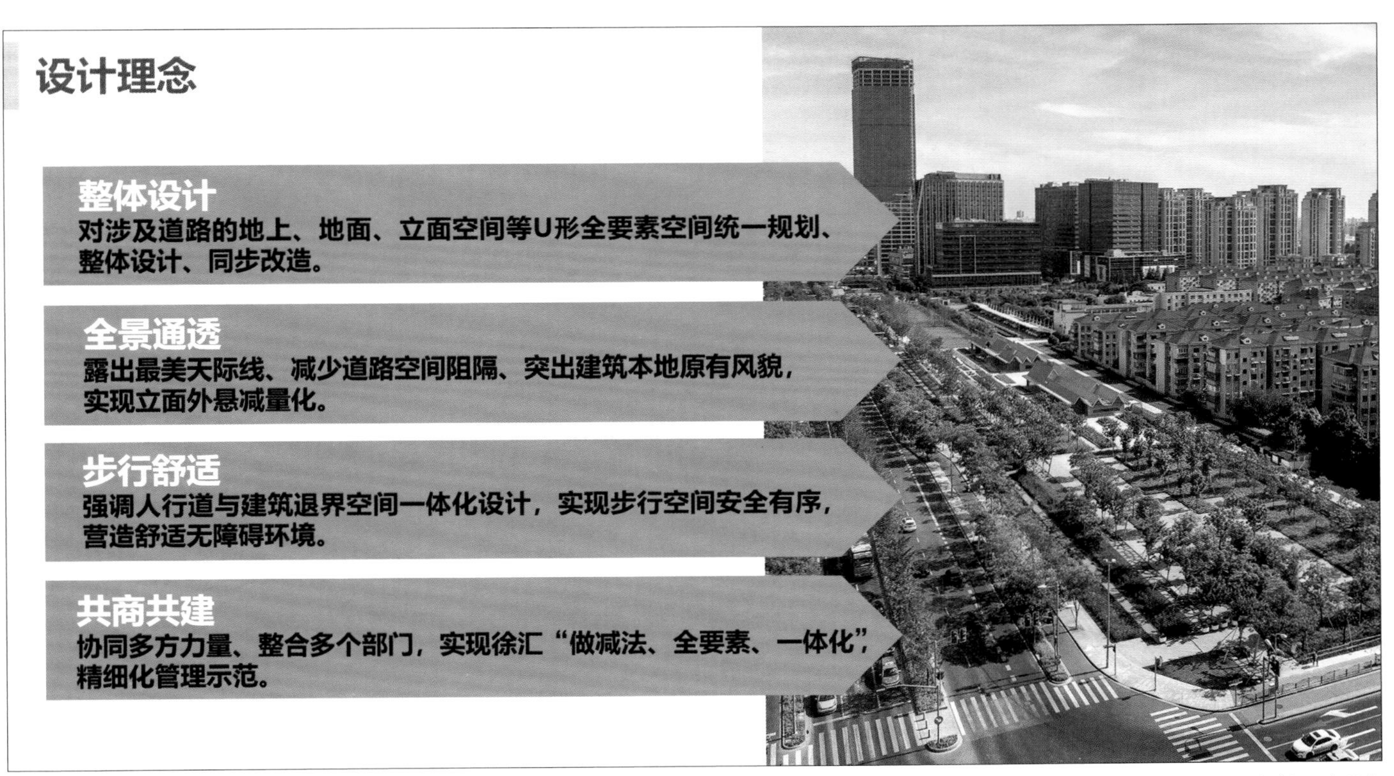

精致街区规划设计理念

三维均衡引导

面对衡复极致品质，如何进行全域精细化提升。衡复片区进行更多尝试，其他区域尝试人本要素完善。

◎ 分类精致引导

结合道路功能，按照 7 类道路景观分类。凸显徐汇城区特色，不同的街区特点阅读出不同的信息及道路特色，全方面打造“一街一景”。

◎ 分级精致引导

根据道路的功能定位、交通流量、所经区域、沿线风貌等，按道路重要程度将道路分类为Ⅰ类、Ⅱ类、Ⅲ类、Ⅳ类四个级别进行引导。

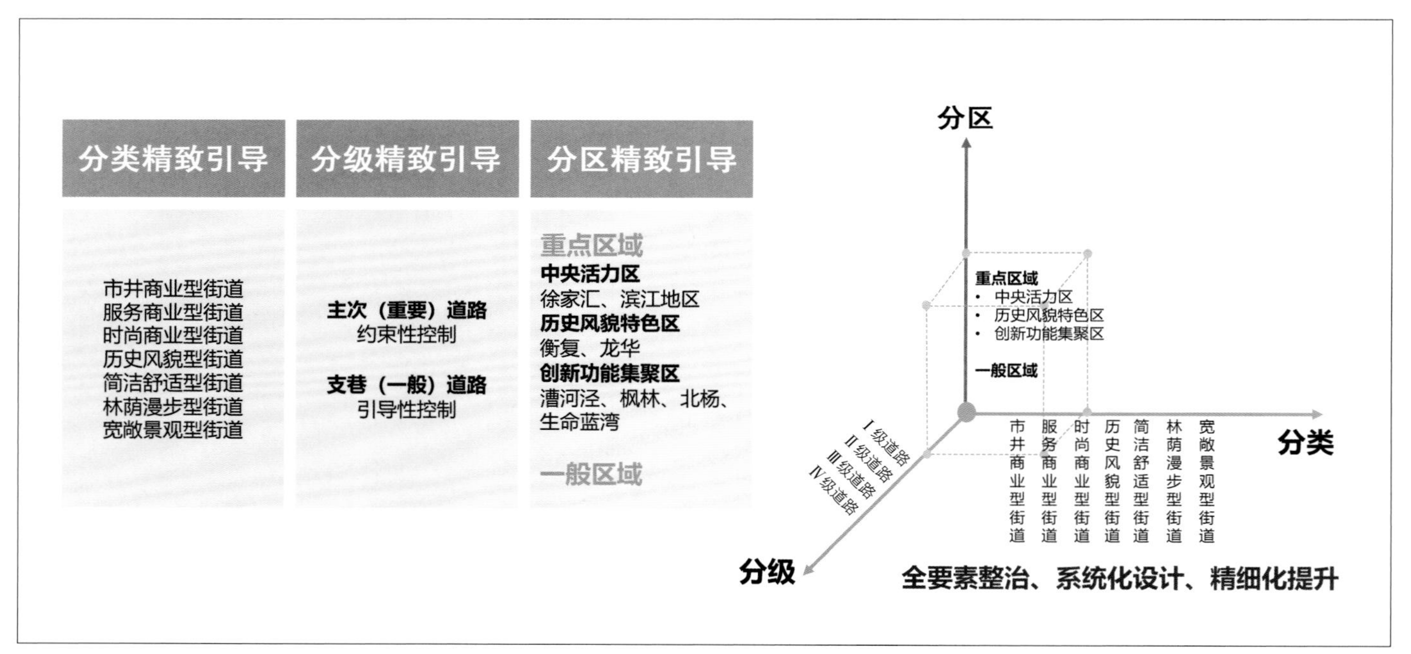

均衡精致化引导（分区）

结合道路功能
按照7类道路景观分类

——相关引导规定可参考
《上海市街道设计导则》
《徐汇区“美丽街区”景观道路总体设计(2021—2025年)》

市井商业型
服务商业型
时尚商业型
历史风貌型
简洁舒适型
林荫漫步型
宽敞景观型

市井商业型街道
■ 以零售、中小型餐饮商业界面为主，生活气息浓厚的街道。

服务商业型街道
■ 以教育、购物、银行、居住、绿地、公共服务等区域服务型商业为主的街道。

时尚商业型街道
■ 以现代商业综合体界面为主的街道。

历史风貌型街道
■ 沿线道路断面较窄，历史风貌建筑界面较连续，有一些精致小型商业的街道。

简洁舒适型街道
■ 以小区围墙或商务界面为主的街道。

林荫漫步型街道
■ 以行道树界面为主，人行道空间较宽，有一些街头绿地和零星商业的街道。

宽敞景观型街道
■ 沿线道路断面较宽，有绿化隔离带，以集中绿地界面为主的街道。

凸显徐汇城区特色
不同的街区特点阅读出不同的信息及道路特色
全方面打造“**一街一景**”

道路分类引导分析

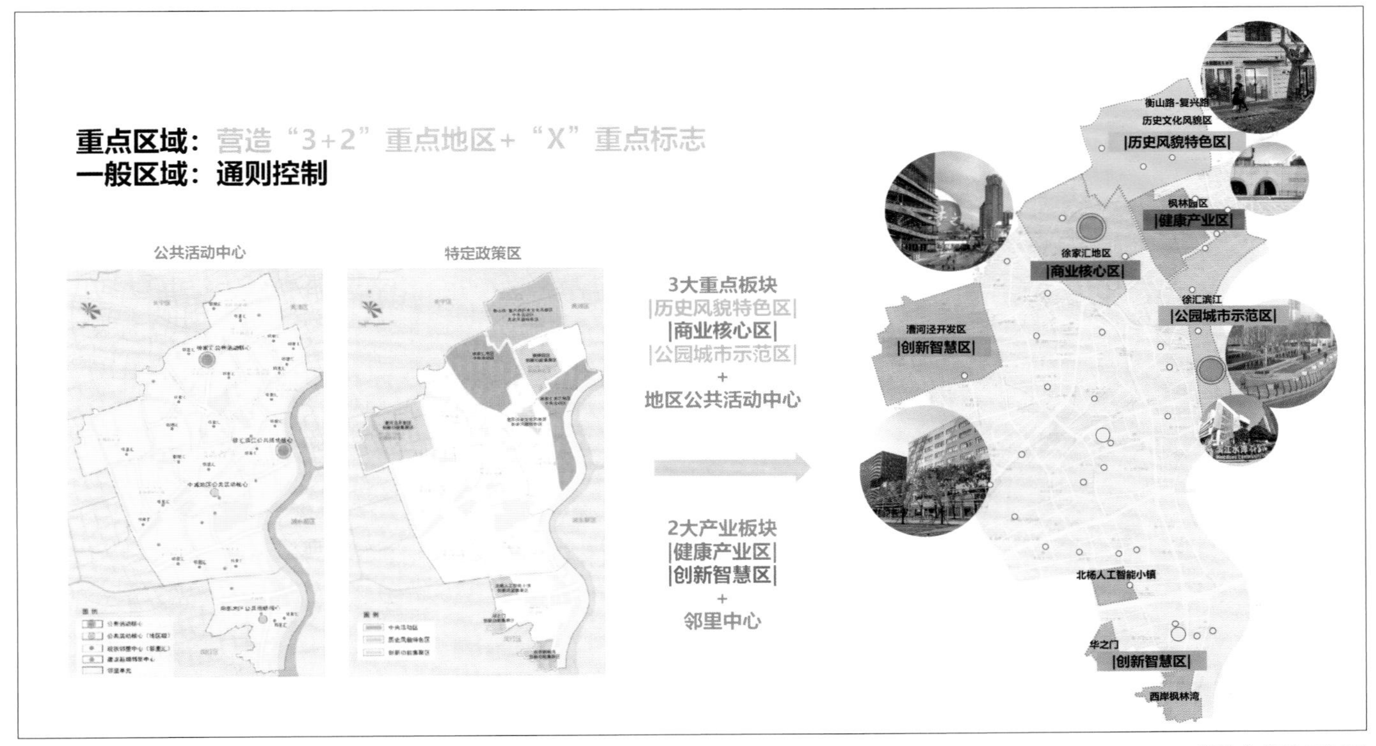

道路均衡分区引导

◎ 分区精致引导

重点区域：营造“3+2”重点地区 + “X”重点标志。

一般区域：通则控制。

识别不同区域特征与痛点难点，构建均衡精致徐汇新目标。

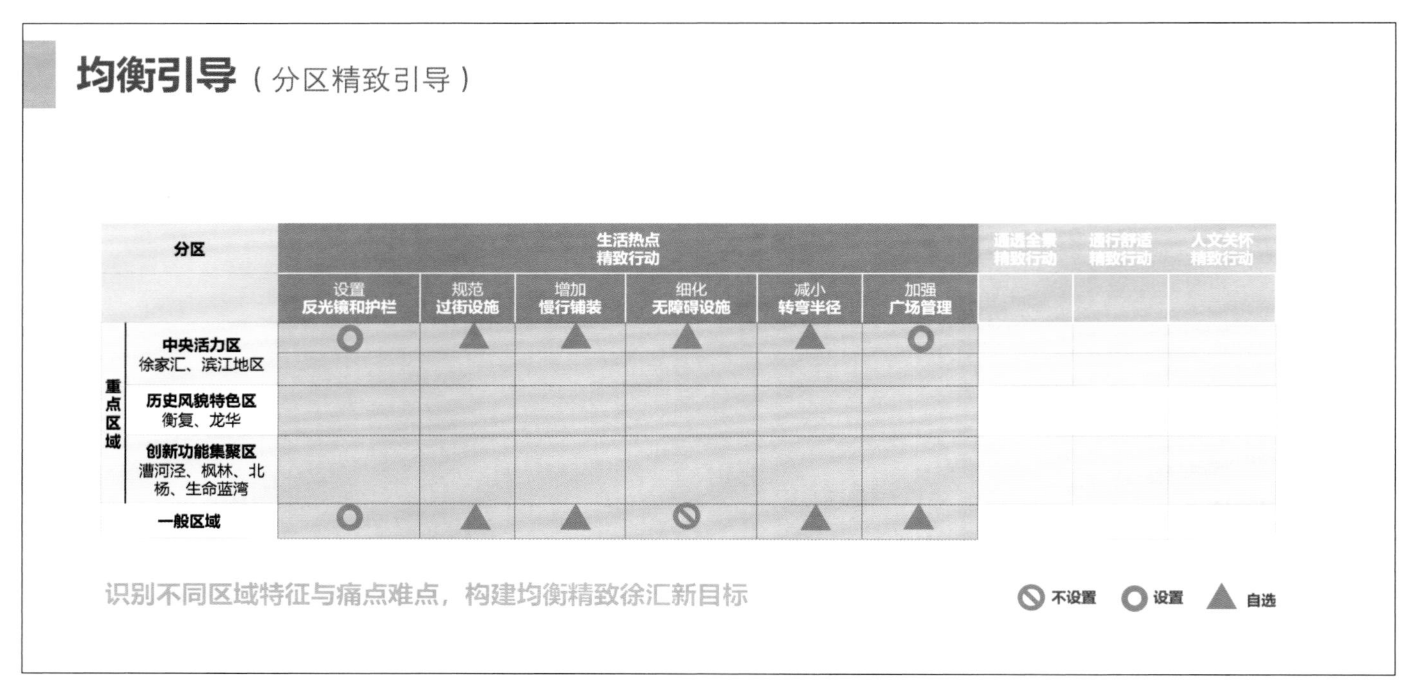

均衡精致配置表

N 个要素工具箱

结合上海市街道设计导则相关标准与依据，针对徐汇区街道功能与风貌特征，综合考虑沿街活动、街道空间景观特征和交通功能等因素，将街道划分为商业街道、生活服务街道、景观休闲街道、历史风貌街道、交通性街道与综合性街道六大类型。

坚持人民城市理念，全面落实市区两级确定的发展战略目标与要求，推动大徐家汇功能区全要素整合，全方位拓展，高质量发展。重点聚焦徐家汇核心商圈及周边重要轴线和节点，加强天钥桥路、宜山路、虹桥路、肇嘉浜路等重要空间延伸轴线。

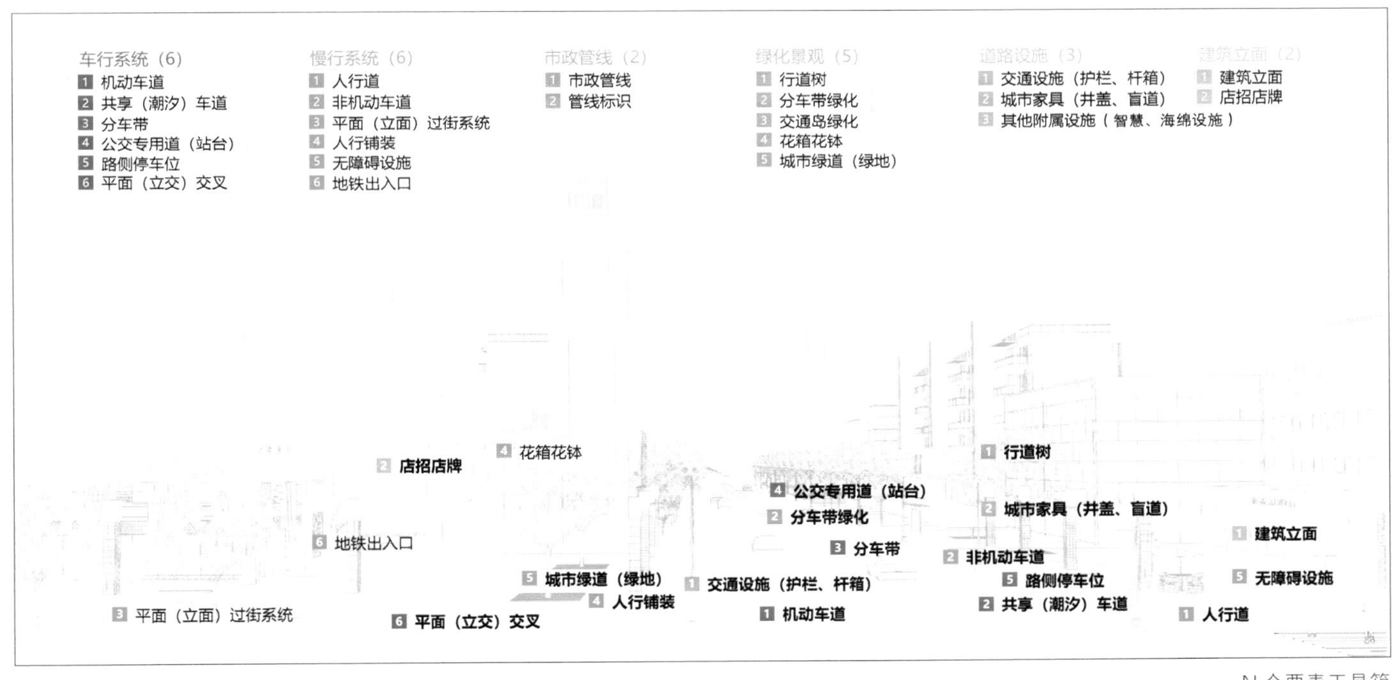

N 个要素工具箱

重要区域提升

大徐家汇功能区范围： 北至淮海西路、华山路、长乐路，东至陕西南路、小木桥路，南至华容路、中山南二路，西至凯旋路，主要包括徐家汇街道、天平街道、湖南街道、枫林街道，面积11.17平方公里。

商业街道	街道沿线以中小规模零售、餐饮等商业为主，具有一定服务功能及或业态特色的街道。其中服务范围是地区及以上，规模、业态较为综合的商业街为综合商业街道，餐饮、专业零售等单一业态的商业街为特色商业街道
生活服务街道	街道沿线以服务本地居民的生活服务型商业(便利店、理发店、干洗店等)、中小规模零售、餐饮等商业以及公共服务设施(社区诊所、社区活动中心等)为主的街道
景观休闲街道	滨水、景观及历史风貌特色突出，沿线设置集中成规模休闲活动设施的街道
历史风貌街道	沿线道路断面较窄，历史风貌建筑界面较连续，能较完整地体现出某一历史时期传统风貌和地方特色的街区
交通性街道	以非开放式界面为主，交通性功能较强的街道
综合性街道	街道功能与界面类型混杂程度较高，或兼有两种以上类型特征的街道

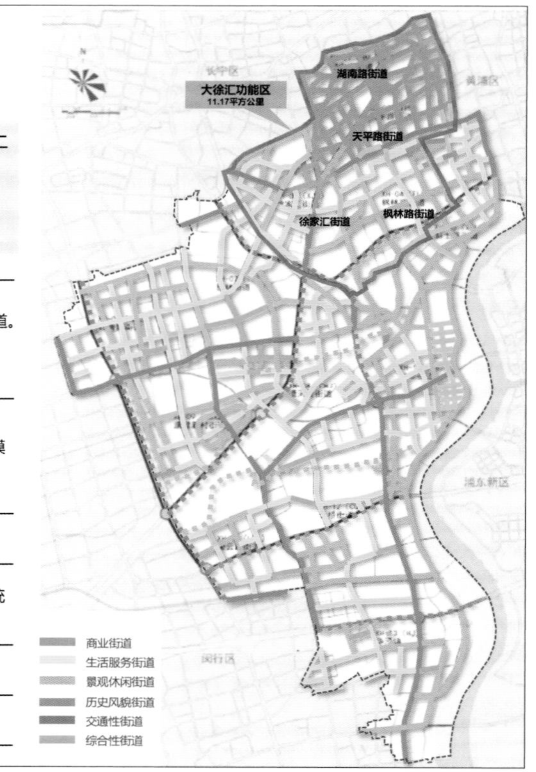

徐汇区街道要素功能分区

「精致街区·精致城市」

围绕“卓越城区”出行服务需求
打造“精致街区”全景关怀网络

政策解读
架空线入地
美丽街区、美丽家园
三旧变三新

规划衔接
美丽街区创建
一路一弄
道路景观总体设计

国际趋势
日本·精致街道
新加坡·流动+场所
表达·图文并茂

精致行动与思路
如何打造徐汇“精致街区”范式？

4项 **精致行动**
3维 **均衡引导**
N个 **要素工具箱**

4项精致行动

一个小小“**以人为本**”改进
一次闲置资源的“**充分利用**”
一道人性关怀化的工艺提升
让市民对**精致徐汇**有所感悟……

一、通透全景**精致行动**
二、通行舒适**精致行动**
三、一米高度**精致行动**
四、生活热点**精致行动**

三项精致行动构建街道多维场景

1. 通透全景精致行动：打造高清全景画幅街区

◎ 精致化要素控制：

护栏：中央护栏规范化、机非护栏减量化、人行护栏极少化

杆箱：隐形化，划定设施区、禁止区，智慧化多杆合一

架空线：能下则下，一路发起，多路协同

店招店牌：多样化，小轻巧，背发光

要点：

护栏减量化

- 三线统筹一体化设计

杆箱隐形化

- 划定设施区、禁止区
- 智慧化多杆合一

聚焦街道空间

通透全景精致行动

精致行动：打造高清全景画幅街区

2. 通行舒适精致行动：提升人行有效通行空间导向，营造舒适的慢行体验

◎ 精致化要素控制：

人行道与建筑前区统筹一体化
设施区与通行区划定明确化
进口坡优先人行无缝化
自行车停放制度化
口袋公园复合化
夜景照明层次化

提升人行有效通行空间

- 划分设施区与通行区
- 公交站台向内
- 箱体设施退路面52/80cm
- 出入口无缝设计
- 自行车停放制度化管理

通行舒适精致行动

精致行动：营造舒适的慢行体验

3. 一米高度精致行动：特别关爱人群精细化设计

◎ 精致化要素控制：

无障碍通道设计

全域化：老弱病残孕、坡道、盲文、盲道、残疾人等专用道路、铺装及标识系统。

重点化：在地铁、公交、医院、银行等公共服务场所需要更加注意无障碍设施。

特色化：鼓励开辟适老适幼专属路径，串联日常出行场所，做到安全、便捷、醒目、趣味。

要点：

特别关爱人群精细化设计

- **无障碍设计**
- 老弱病残孕、坡道、盲文、盲道、残疾人等**专用道路、铺装及标识系统**

开辟儿童专属路径

- 串联学校、家庭和游乐场等儿童活动场所安全有趣路径
- 保证孩子敢出门
- **增加游戏和教育元素**

聚焦细节美化

一米高度精致行动

精致行动：定制有温度的道路环境

徐汇区
道路空间精细化实施要则

The implementation guidelines for the refinement of road space in Xuhui District

徐汇区建管委

2024/4

一、慢行·精细化要素

01 路面结构

- **一般规定**：分级分类控制，重点区域宜适当**高于现行标准**
- **面层**：应全部采用**沥青混凝土路面**，I、II级道路、重载道路应采用**三层沥青层**，交叉口增加**抗车辙剂**
- **基础**：交通流量大、重载区域等路段，基层厚度可增加15cm为保护现状管线或翻交需求，可用**C30混凝土**替代水泥碎石压力较大路段，可用**ATB-25沥青**碎石做基层

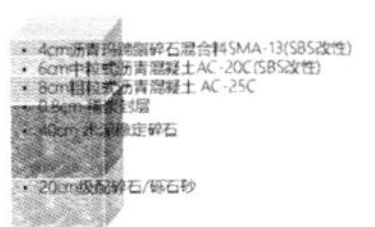

一类标准：I、II级道路（城市主次干路）　二类标准：III级道路（支路）

02 护栏

- **一般规定**：**减少**空间阻碍，中央护栏**规范化**、机非护栏**减量化**、人行护栏**极少化**
- **绿化隔离**：条件允许**应设尽设**
- **高度**：宜满足规范标准中**最低高度**设置
- **宽度**：宜满足规范标准中**最小设计宽度**
- **样式**：简洁大气、黑色格栅为主

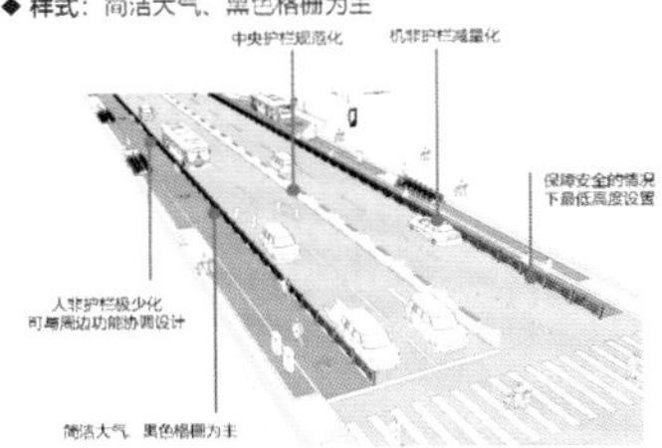

03 交通优化

- **港湾车站**：I、II级新建道路**应设尽设**，改建道路宜采用微改造方式，能设则设
- **路口渠化**：在保证流线无冲突、交叉口安全运行的前提下可利用富余的交叉口空间资源设置**机动车左转、直行待行区**

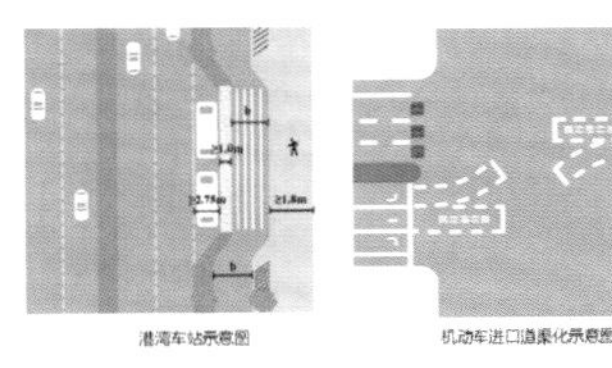

港湾车站示意图　机动车进口道渠化示意图

04 附属设施

- **井盖**：雨污防沉降井盖**应设尽设**，其他公用井盖能设尽设，重点点位可设置智慧井盖
- **雨水箅子**：应优先采用**立式**，内设**截污挂篮**

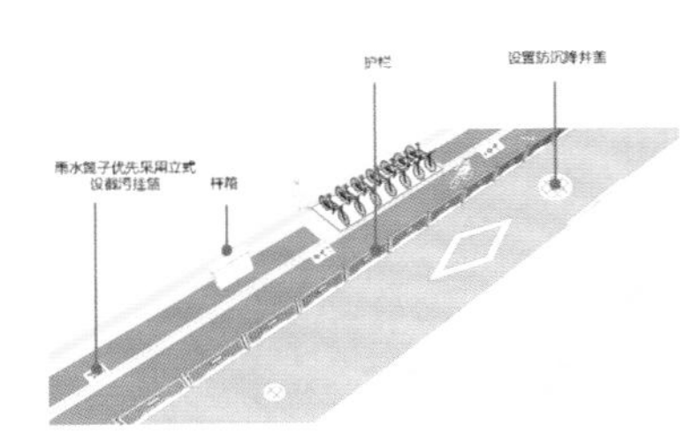

二、车行·精细化要素

05 人行道及铺装

- **一般规定**：人行空间一体化、有效通行**最大化**
- **材质**：I、II级道路宜采用**花岗石材质**，一般道路宜采用**钢渣透水砖**
- **颜色**：应控制在三种以内，不宜突兀
- **铺装**：应与建筑前区**延伸**设计，铺装延伸至墙脚，与相交道路铺装风格应合理过渡
- **结构**：机动车、非机动车需经过人行道铺装区的，**相应区域铺装强度应提升**
- **管理**：应对**长期违停**、**成片占路**、**随意设置**栏杆路障等占用行为加强交通秩序管理
- **井盖**：**宜隐形化**、**特色化**。材质应选择“**花岗石+金属镶边**”、“**钢渣透水砖+铸铁镶边**”两类样式

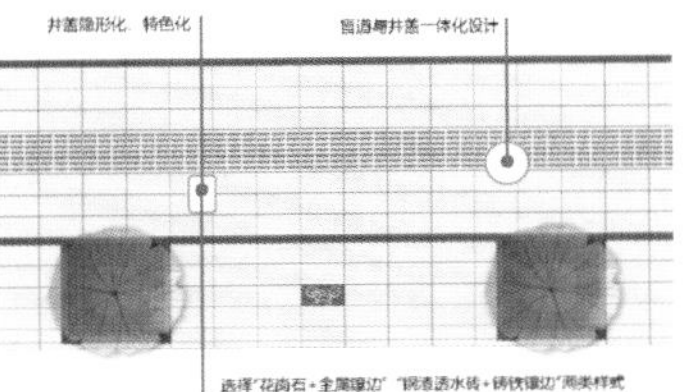

徐汇道路精细设计导则（1）

三、立面·精细化要素

06 设施带

◆ **一般规定**：集约设置沿街市政设施和城市家具
◆ **杆箱**：**减量化、隐形化、小型化**，重要路段应采用美化处理
◆ **非机动车停放**：停车区标识应采用**面砖铺装设logo围边**，因地制宜采用小弹石铺装样式
◆ **禁车柱**：重点区域宜选择"**花岗石路面+大理石材质**"

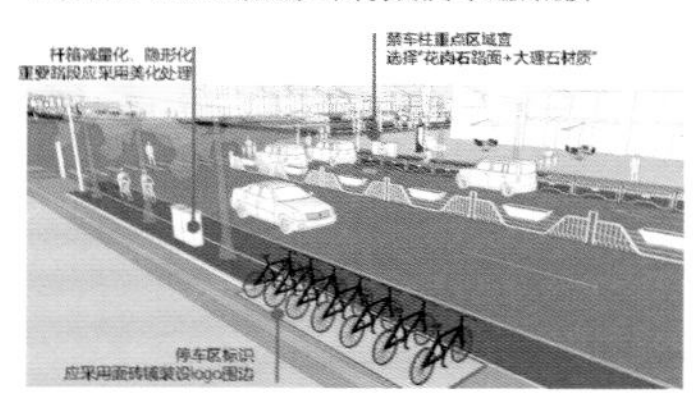

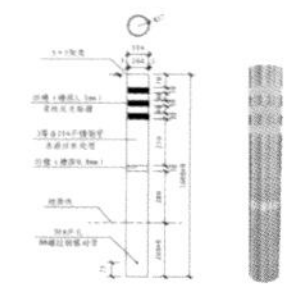

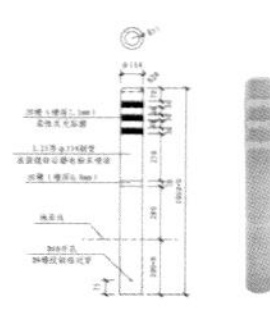

07 无障碍环境

◆ **一般规定**：体现"人民城市"理念，营造"**一米高度**"、**适老为老无障碍环境**
◆ **盲道**：设置应**连续化、无阻挡、平整化**。与井盖一体化设计，宜与相邻人行道铺装有所区分
◆ **缘石坡道**：合理设置坡道，消除出入口高差
◆ **进口坡**：机动车出入可用沥青铺装，非机出入可用小方石铺装，行人出入可用人行道面砖遵铺
◆ **台阶坡道**：存在高差应尽量**坡道化处理**

08 绿化景观

◆ **一般规定**：**常绿易养护、维护低成本、乔木成荫**
◆ **分类引导**：绿化隔离带**景观化**、行道树**林荫化**、沿街绿地（口袋公园）**复合化**
◆ **树穴**：宜采用连接带绿化，硬质铺装采用小弹石、聚酯材料
◆ **宽度**：树池宽度宜大于1.5m，并保障舒适人行通行空间

09 沿街建筑立面

◆ **一般规定**：相关规划加强衔接、外悬设施统一设计
◆ **立面整治**：沿街住宅色彩协调，沿街商办干净整洁，文保建筑修旧如旧
◆ **存量违建**：应拆尽拆，与远期规划衔接，避免重复建设

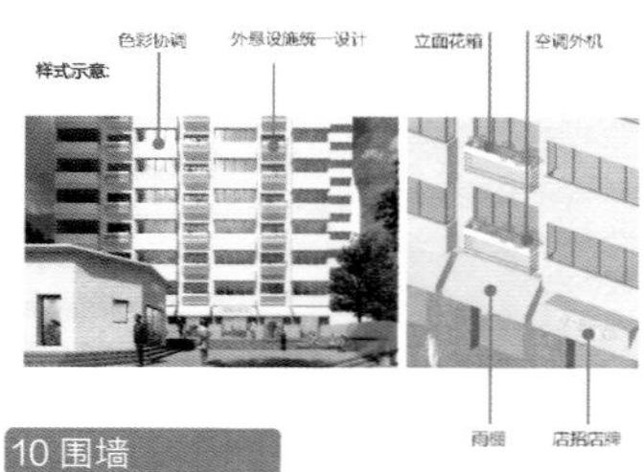

10 围墙

◆ **一般规定**：墙体宜高、干净整洁、调性高雅
◆ **高度**：Ⅰ级道路高度建议3m，Ⅱ级道路高度建议2.7-3.0m，Ⅲ级道路宜与道路宽度形成舒适围合比例
◆ **材料**：大气、简洁、易维护
◆ **色彩**：应与所属建筑色彩协调，不宜鲜艳
◆ **细部**：适度增加简易壁灯，围墙内景观较好，尽量透景

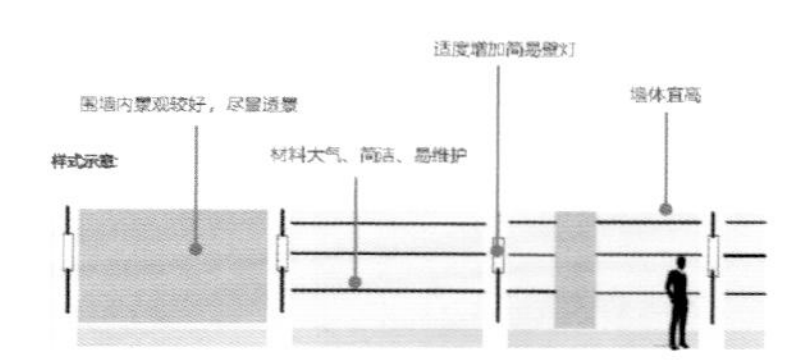

13 全时段活力

◆ **一般规定**：规范有序、层次丰富
◆ **道路亮化**：安全、节能、易操作
◆ **夜景照明**：围墙照明氛围化，店招照明宜趣味化

四、特色·精细化要素

12 全 U 形空间

◆ **架空线入地**：**做减法、全要素、一体化**。以"一路发起、多路协同"的工作方式消除安全隐患。按照服务重点片区、优先重要干道、保障重大项目顺序优先次序有序推进全部入地
◆ **地下管线**：**事先交底、事中监管、事后备案**。同步设计、一次开挖、集约利用，消除安全隐患

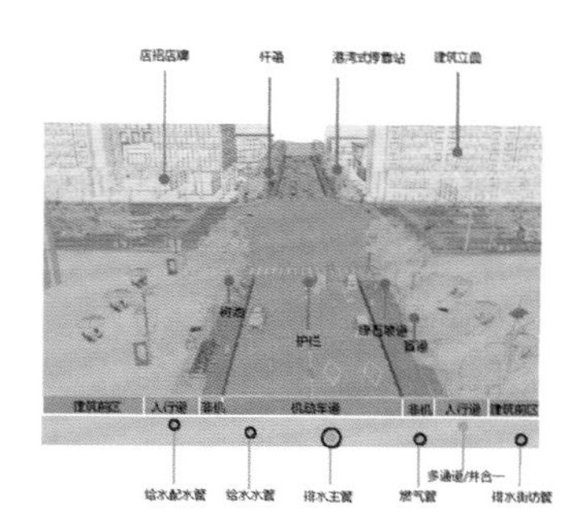

14 全周期管养

◆ **3M管理**：整合BM、BIM、CIM等平台，助力市政道路工程行业向信息化和工业化的转型升级
◆ **BIM平台**：实现三维可视化操作及碰撞检测，实现管线搬迁、道路翻交等全周期管理，服务全生命周期的更新迭代
◆ **CIM平台**：打造了一个全域的三维底板，进一步消除数据壁垒，建设运营管理的统一平台

11 店招店牌

◆ **一般规定**：重新设置应"**小、轻、巧**"，宜背发光
◆ **共商共建**：应与商家沟通，避免"千店一面"
◆ **海派文化**：特色简约，精致时尚

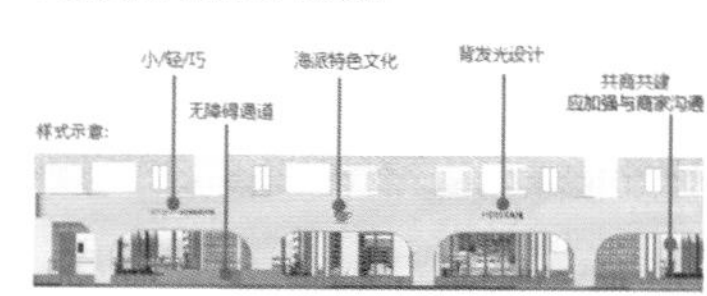

附则

1.区内市政道路建设及整治工程参照本设计操作手册

2.本手册未尽事宜按实施细则及相关规范执行

徐汇道路精细设计导则（2）

空间视角街区的多维场景应用

“空间视角街区的多维场景应用”是一个跨学科的领域，它结合了空间分析、数据科学和信息技术，旨在优化城市环境，提高居民生活质量，并促进可持续发展。

采用多维视角来设计街区，不仅仅是在物理形态上，而且在功能、社会文化、时间等多个层面上，为居民和使用者创造一个综合性的空间体验。这样的设计方法可以帮助规划者和设计师更全面地理解和塑造城市环境，同时也可能利用数字化工具（例如 GIS、BIM、VR 等）来辅助设计和评估，它有助于创造更具包容性、适应性和互动性的生活环境。

	车行系统（6）						慢行系统（6）						市政管线（2）		绿化景观（5）					道路设施(3)			建筑立面(2)	
	机动车道	共享（潮汐）车道	分车带	公交专用道（站台）	路侧停车位	平面（立交）交叉	人行道	非机动车道	平面（立面）过街系统	人行铺装	无障碍设施	地铁出入口	市政管线	管线标识	行道树	分车带绿化	交通岛绿化	花箱花钵	城市绿道（绿地）	交通设施（护栏、杆箱）	城市家具（井盖、盲道）	其他附属设施（智慧、海绵设施）	建筑立面	店招店牌
交通性街道	★	●	★	●	○	●	○	○	★	○	○	○	★	○	●	★	○	○	○	★	○	○	○	○
商业街道	○	○	○	○	●	●	★	○	★	●	●	★	○	○	●	○	○	●	★	★	●	○	●	●
生活服务街道	●	○	○	★	★	●	★	○	○	●	★	○	○	○	★	○	○	○	★	★	○	○	●	●
景观休闲街道	○	○	●	○	○	○	★	○	●	●	●	○	○	○	★	★	●	★	★	★	●	○	●	●
历史风貌街道	★	★	○	○	★	○	★	●	○	○	●	●	○	○	○	○	○	★	●	●	●	○	●	●
综合性街道	●	●	●	●	●	●	★	●	★	●	●	★	○	○	●	○	○	○	★	★	●	○	●	●

必设 ● 基础要素配置 ★ 特色要素配置

可设 ○ 基础要素配置（可选）

各类型道路重要要素配置表

统一规范、明确细化、提高要求、补充完善

核心要素		一般规范	特色引导
车行系统（6）	机动车道	《道路交通标志和标线 第2部分：道路交通标志》GB 5768.2—2022 《城市道路交通标志和标线设置规范 》GB 51038—2015 《城市综合交通体系规划标准》GB/T 51328—2018 《城市道路交通工程项目规范》GB 55011—2021 《城市道路工程设计规范》CJJ 37—2012 《城市道路交通标志和标线设置规范》DB 33/T 818—2010 《城市公共交通标志 第3部分：公共汽电车站牌和路牌》GB/T 5845.3—2008 《城市道路路内停车位设置规范》 GA/T 850—2021 《城市道路交叉口规划规范》GB 50647—2011 《上海市街道设计导则》2016	沿线的设计**应以非开放式界面为主**，在医院、学校、居民小区设置**减速带降低车速**，同时不影响行车舒适性及安全性
	共享（潮汐）车道		加强**智能联网路口**系统控制，通过自动识别与自动调控
	分车带		利用道路绿化的**隔离、屏挡、通透等控**制景观效果
	公交专用道（站台）		为公交专用道设置**专用色彩铺装、发光式标志**牌等更能引起出行者注意力的指示设施
	路侧停车位		结合周边支路及地下停车空间统筹安排
	平面（立交）交叉		**增加过街预警装置保障出行者安全**
慢行系统（6）	人行道	《城市道路工程设计规范》CJJ 37—2012 《上海市街道设计导则》2016	应鼓励开放建筑前区空间，与人行道进行**一体化设计**，增加交往空间
	非机动车道	《城市公共自行车服务点设置管理规范》DB 3301/T 0186—2016	加强与**共享单车运营单位**协调，重点路段加强**市容管理**
	平面（立面）过街系统	《城市道路工程设计规范》CJJ 37—2012 《上海市街道设计导则》2016	**以净化标准抬升平面**人行过街横道，对交叉口进行深化设计，保障交叉口内人车安全，优化出行体验
	人行铺装	《城市道路工程设计规范》CJJ 37—2012 《上海市街道设计导则》2016	在人行道铺装内融入**历史文化元素**，以彰显城市文化特色
	无障碍设施	《无障碍设计规范》GB 50763—2012	与周边店铺、公交站台、人行道协调设计
	地铁出入口		形成地铁口**精致行动计划**
市政管线（2）	市政管线	《上海市架空线入地和合杆整治文明施工标准（试行）》 《关于明确架空线入地和合杆整治文明施工高围挡设置要求的通知》 《上海市信息通信架空线入地整治工程建设导则》	**架空线入地与地下管理**建设统筹建设
	管线标识	《公司燃气标志应用技术标准》2021 《供排水管道标识安装要求》 《电力 电缆及通道标识技术规范》Q/GDW 11790 《城镇燃气标识标准》CJJ/T 153	设施由其产权单位依据**行业规范统一设置**，地面标志桩类设施应**设置在城市公共绿地或绿化带内** 因施工需要临时设置的警示牌类设施应放置在施工区域附近绿地，或附着在附近杆件上，不得影响行人步行活动与道路交通安全
绿化景观（5）	行道树	《城市道路绿化设计标准》CJJ/T 75—2023 《公园设计规范》GB 51192—2016 《城市绿地设计规范》GB 50420—2007	按照**林荫道标准**的行道树配置，宜形成连续绿带
	分车带绿化		利用绿带宽度，**种植2-3排大乔木**，构建景观性形象大道
	交通岛绿化		交通岛绿地边缘的植物配置**宜增强导向作用**，在行车安全视距范围内应采用**通透式配置**
	花箱花钵		高品质**定制化**，可考虑一季一换，**保障绿视率**
	城市绿道（绿地）		结合周边绿地，**人行道与园路统筹设计，构建统一景观风貌。**强化与腹地出行吸引力、交通站点的慢行通道联系，就近设置绿地出入口，提升空间可达性
道路设施（3）	交通设施（护栏、杆箱）	《城市道路交通设施设计规范》GB 50688—2011 《城市道路交通隔离栏设置指南》GA/T 1567—2019 《城市道路杆件及标识整合技术规范》DB 3301/T 0232—2018	按照**市区交警意见**，建议统一规范的护栏标准 按照箱体的功能特点，以**“减量化、规范化、小型化、隐形化”**为原则，与周边环境景观相协调，有序设置
	城市家具（井盖、盲道）	《城市容貌标准》GB 50449—2008	加强**艺术要素**的融入，保障统一规范设置
	其他附属设施（智慧、海绵设施）	《上海市架空线入地和合杆整治文明施工标准（试行）》 《关于明确架空线入地和合杆整治文明施工高围挡设置要求的通知》 《上海市信息通信架空线入地整治工程建设导则》	运用物联网、大数据、人工智能、5G通信等新技术，全面提升综合交通、基础设施等领域的**信息化、智慧化水平**
建筑立面（2）	建筑立面	《上海市街道设计导则》 《上海市“美丽街区”创建导则》 《徐汇区高安路及高安路18弄“一路一弄”品质提升与精细治理》	形成统一和谐的**建筑立面色彩、样式**
	店招店牌		展示区商业设施集中、人流活动聚集，应以有序、美观为目标，利用户外广告优化城市景观、展现商业氛围

各类型道路重要要素配置表

2022年以来，徐汇区围绕城市环境全要素提升任务，开展全要素“美丽街区”道路治理及市容景观提升工作，着力构建徐汇老百姓高品质生活新场景。上海市政总院倾情投入，打造了罗秀路、龙州路、老沪闵路、百色路、龙华西路、龙恒路、天钥桥南路七条道路，长度超过10公里的街区环境提升设计。街区公共空间的灰色砖瓦水泥淡漠了邻里的温情，设计师充分发掘街角巷尾的闲置空间，置换居民们所需要的功能与环境，通过“微更新”为街区注入新鲜活力。

归属街区

沿街店招店牌店面翻新，营造富有归属感的街区

设计浅色格栅镶嵌店招字体，更新门窗，店前铺装，归整了街区之前的杂乱色彩与字体。清新明晰的店招字体让人们更容易找到所需的店铺。针对商家制作的广告样式与门窗也让原本参差不齐的底商环境整洁许多。

店招设计从整体上考虑遵从徐汇区域风貌的基调，同时再根据每条街道和店家的特色需求，以及每个店铺的类型，结合夜景亮化和围墙立面的设计，让整个街区的立面更加具有人文和烟火气息。

生活街区，温情设计

沿街店招设计

沿街店招设计

文艺校园

紫竹园中学门头围墙提升，注入街区艺术氛围

提取紫竹元素设置“紫竹景墙”，配置冷色八仙花，彰显学校高雅气质。一组解构艺术围墙展示着学生作品、校园活动海报，颇有格调，配上夜晚灯带装饰。校园入口镌刻着诗句美文，让艺术与诗句流淌进街区环境。

见缝插绿

整理沿街闲置绿化，提升绿化风貌品质

天钥桥路路口绿地提升保留林荫大树，设计结合龙华社区的文化基地，以祥云为元素设计“云”园，“云”的图案贯穿场地。简洁的廊架配以步道座椅，为社区提供休闲便利的口袋花园，让街角绿化真正为民打开——可参与可进入。

五月苑绿地改造前绿地乔木多为常绿，设计优化园路，翻新花坛并增加入口标识。特色五种骨干乔木、草坪、色叶植物、浪漫花境点缀街道，营造别致的花园街区环境。整理街区沿线狭长绿化带，更新绿化品种，提升绿化风貌品质，为街区注入生态活力。

紫竹元素装饰

紫竹景墙

沿街绿地

五月苑绿地

罗秀路绿地座椅细节

温情角落

敬老座椅与休憩口袋花园设置，转角遇见温情

设计发掘街坊的碎片空间，为老年人设计公共社交空间。在这里可以坐下来，聊天下棋，是街区难能可贵的休闲地。

生活盒子区域推介功能网格

“生活盒子区域推介功能网格”是用于展示社区不同功能和活动的工具，它通过一种结构化的方式（可能是一个网格状布局）组织信息，以促进社区的活力和吸引力。

其有效地将社区的活动和特色组织起来，用于活动推广功能“盒子”，集中展示信息和资源。它可能包括社区新闻、活动日历、工作工坊、社区课程以及其他资源，并以一种易于理解和吸引人的方式展示给公众，这可以是一个实体的展示空间，也可以是一个在线的互动平台。

◎ 空间上生活盒子、精致街道联动成网。

◎ 功能上与时俱进、需求导向，如城市新建设者爱心接力站、电瓶车充电服务。

◎ 拓展联动地铁口打造流量盒子，聚焦热点盒子周边精细化全要素控制，不断拓展徐汇品牌符号。

“老辰光”便民服务修物站

阅读空间

社区食堂

「生活盒子」已然成为徐汇美好生活新载体
精致更新与生活盒子形成合力
点线叠加一步步共同编织徐汇「精致城市」

美好徐汇·生活盒子

为老为幼无障碍出行

地铁出行流量标志

便捷可达人文关怀

精致行动

继「生活盒子」后，看「生活热点」新品牌

要点：

地铁口精细化引导

- 设置**反光镜和护栏**
- 规范**过街设施**
- 增加**特色慢行铺装**
- 细化**无障碍设施**
- 减小**转弯半径**
- 加强**广场空间管理**

城市新建设者引导

- **一个爱心接力站**
- **外来务工特色街道（服务点）**

生活热点精致行动

社区护士站

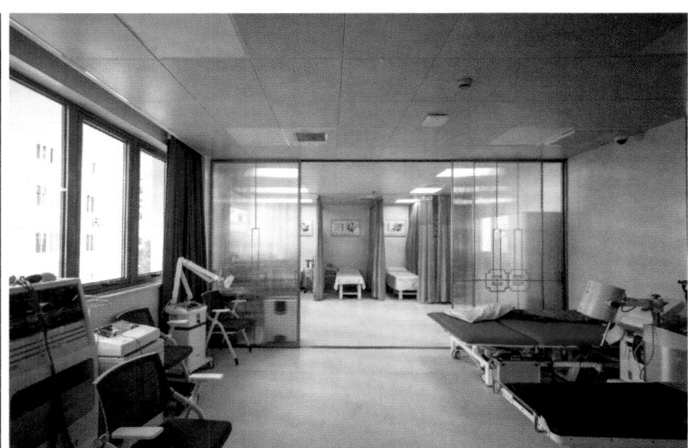

社区医疗站

定制有温度的道路环境

“有温度”一词在此含义上强调的是人性化和包容性的设计理念。是指创造一个既能满足实用功能，又能考虑到用户情感体验的公共空间。其中，特别关注儿童友好、老年人无障碍及人文关怀的概念。

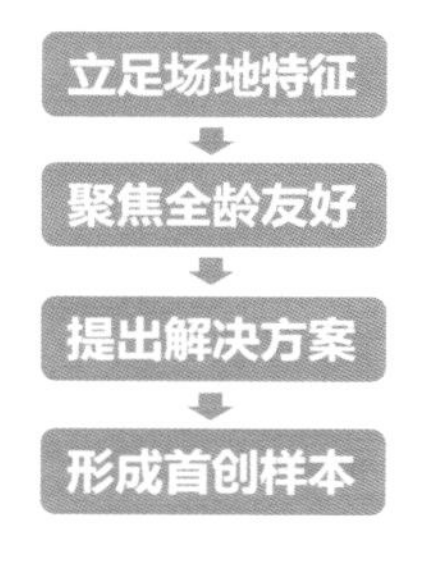

HOW

REFINED CONSTRUCTION OF DEMONSTRATION TEMPLATES FOR ELDERLY STREETS

精细化打造全龄友好街道实践样本

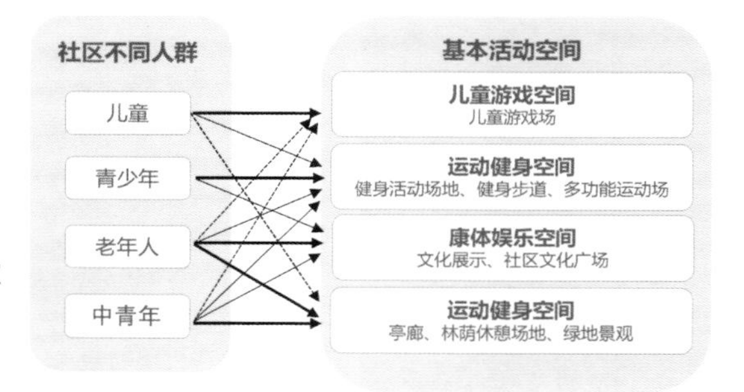

年龄与人群	主要活动特征	步行能力	个体或群体	活动需求	设施需求	交通需求	选址需求
0~12岁儿童	游戏玩耍	婴幼儿:5分钟范围为主	家庭式陪伴	探索自然， 攀爬、跑跳等	• 平整的场地 • 自然花园 • 陪护休息座椅	步行、停放儿童推车	小区内、临近幼儿园
		学龄前及学龄童: 5~10分钟范围为主	家庭式陪伴	游戏、跑跳、滑板车、角色扮演等	• 平整安全的骑车轮滑活动场 • 游戏设施 • 自然花园 • 陪护休憩座椅	步行、停放儿童推车	小区内、临近幼儿园及学校
13~17岁青少年	体育交往	10~15分钟范围	群体为主	需要一定的运动场地:篮球、足球、滑板等	• 大球类为主的多功能运动场	步行、自行车	临近学校、社区公园、社区公共服务设施
18~59岁中青年	运动健身	10~15分钟范围	个人为主	需要活动线路:跑步、散步等	• 社区绿道或健身步道 • 健身活动器械	步行、自行车或汽车	临近社区公园、社区公共服务设施
60岁以上老年人	康体娱乐	5~10分钟范围	群体为主	需要一定面积活动场地:广场舞、踢毽子、跳绳等 中低强度的运动场地:打拳、乒乓球等	• 较为平整开阔的活动场地 • 健身活动器械 • 小球类为主的多功能运动场 • 公共厕所、休息座椅、棋盘等	步行、公交	小区出入口、公共活动广场、社区公共服务设施、社区公园
全年龄段人群	休闲游憩	15分钟范围以内	个人或者群体	需要静态活动场地:阅读、棋牌、聊天、乐器、赏景等	• 遮荫的、有一定私密性的休息场所 • 可停留闲谈聚会的亭廊、座椅 • 较好的植物花园或自然环境 • 公共厕所等服务设施	步行、公交	小区内、社区公园内、社区公共服务设施旁

全龄友好设计要素梳理

儿童友好

在道路环境中，儿童友好意味着要考虑儿童的安全性、趣味性和教育性。这可以通过以下方式实现：

◎ 安全面材料：使用防滑、减震的地面材料来减少跌倒伤害的风险。

◎ 交通安全：设置专用的儿童人行道和自行车道，以及适宜的过街设施，如降低的人行横道和提示信号。

◎ 游戏空间：提供带有安全围栏的游乐设施，让儿童在父母的视线范围内自由玩耍。

◎ 教育元素：在道路设计中融入教育性强的元素，如交通规则的图案和标识、环保知识的展板等。

◎ 监护人支持：设计考虑到监护人带儿童外出时的需求，如提供休息区域和视线良好的空间，以方便监护人看顾儿童。

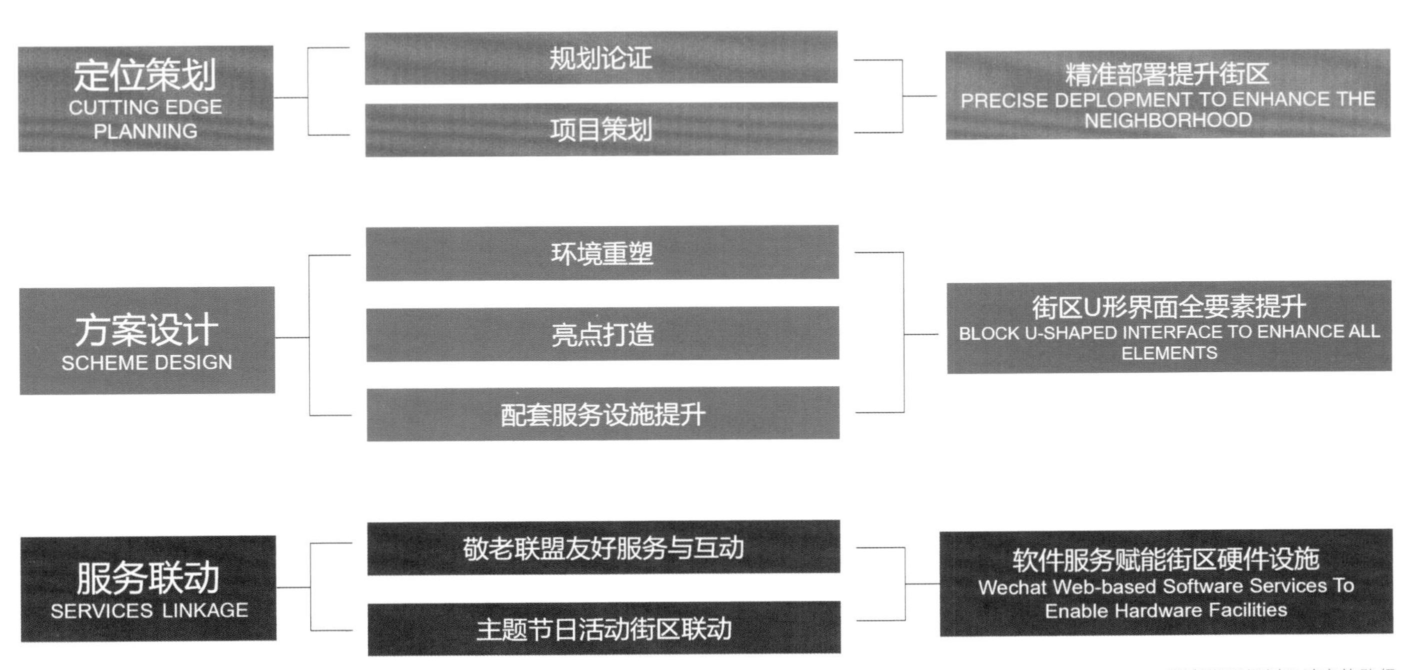

适老街区规划设计实施路径

老年人无障碍

针对老年人的无障碍设计，要求道路环境支持老年人的自主出行和社会参与：

◎ 易于行走：确保人行道平坦、宽敞，表面光滑且无障碍，适合使用助行器或轮椅。

◎ 足够的休息空间：沿途设置休息椅或座椅，为老年人提供休息的场所。

◎ 明显标识：提供清晰的路标和指示牌，带有大字体和对比色，方便视力不佳的人辨认。

◎ 安全过街：设置足够时间的行人过街信号，使老年人有足够的时间安全过街。

◎ 无障碍设施：如无障碍坡道、扶手、升降平台等。

◎ 应急呼叫系统：设置紧急呼叫按钮或电话，在紧急情况下，老年人可以快速得到帮助。

聚焦街区/长者特征双导向，探索适老街区核心需求。

深入分析区位、业态、周边资源、人口构成等方面街区特征，结合年长者的生理及心理特征研究，作为下一步适老型街道打造的基础。

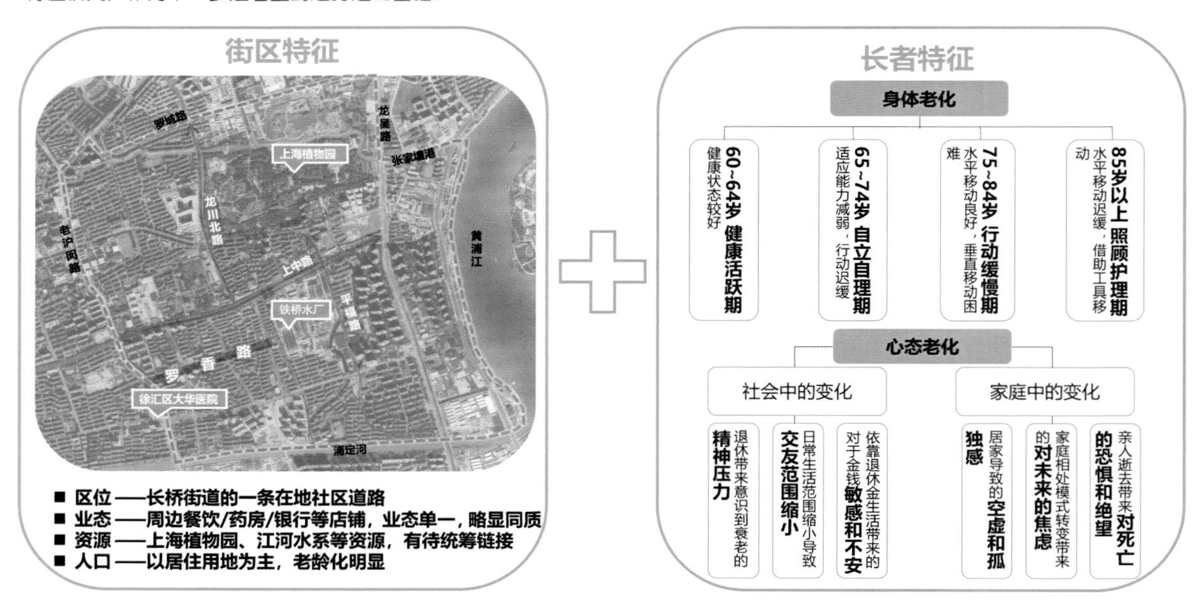

关注五维长者需求，提炼适老街区要素。

适老街区应同时保障对老年人身体和心灵的关怀，对老年人的需求针对性提升相关配置，精细化打造对老年人友好、有保障的适老街区。

梳理景观功能模块清单，构建罗香路适老产品体系。

成功不是一蹴而就的，首先把重点转移到公共景观与公共设施优化上，以期在街区公共空间秩序变得更好后，能持续带动街区从外至内的更新。

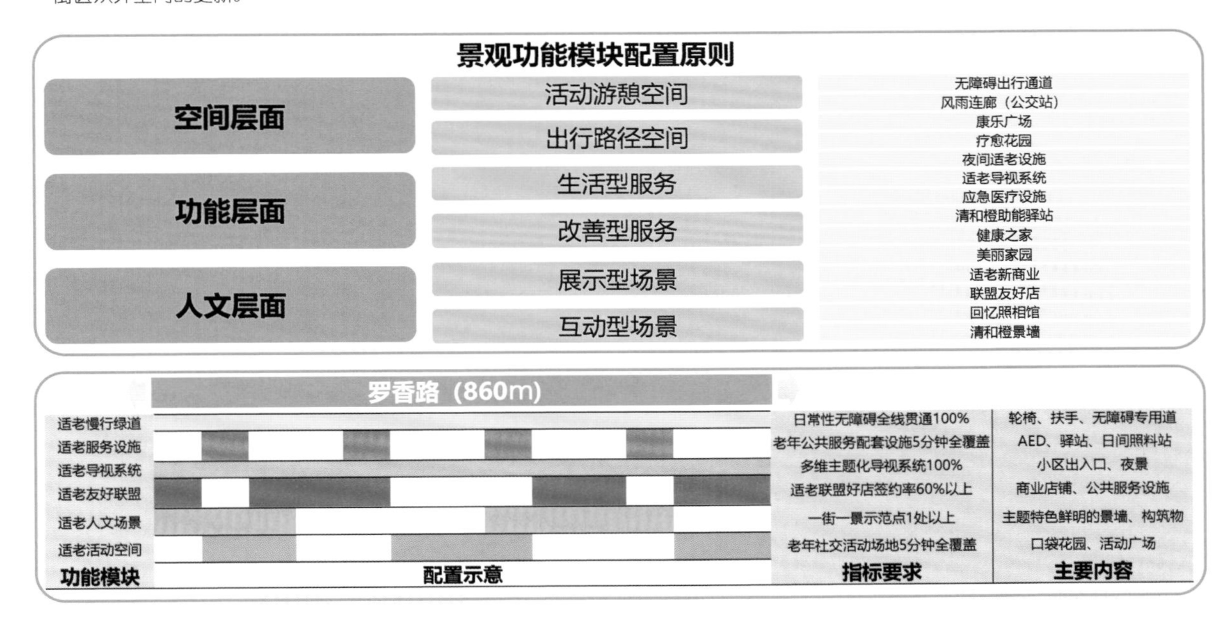

设计理念/DESIGN CONCEPT

漫步街区 打卡罗香路

遇见•清和橙景墙
老沪闵路进入罗香路路口段

遇见•美丽家园
罗香苑店招

遇见•康乐广场
徐汇文化馆广场

遇见•疗愈花园
龙临路街头绿地

遇见•风雨连廊
龙临路公交站

遇见•街角照相馆
长桥路罗香路街角广场

遇见•清和橙助能驿站
无障碍设施和智能设备展示体验馆

遇见•健康之家
长桥三村临街门头

遇见•阳光休憩角
长桥三村转角围墙

遇见•联盟友好店
罗香路敬老联盟店铺

清和橙•遇见疗愈花园

龙临路街头绿地

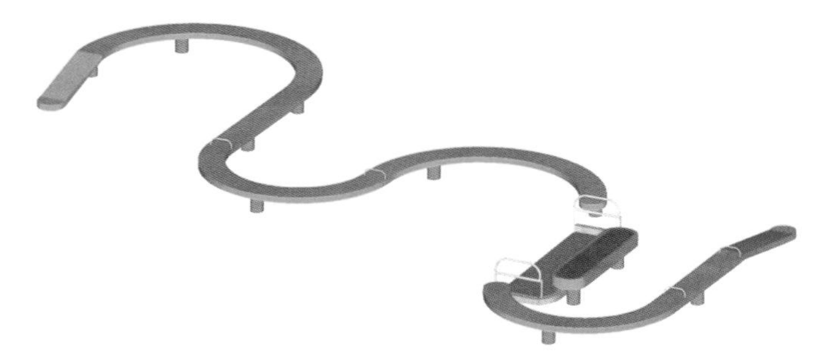

设置注重人体工学的椅子，符合老年人的使用需求

材质与颜色建议

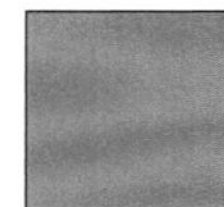

彩色不锈钢（不锈钢钢板外喷氟碳漆）

哑光金属面

设计尺寸考虑老年人使用安全需求

- 椅子的高度宜为400~450mm；
- 椅子扶手的高度宜为离坐高250~300mm；
- 椅子靠背的高度宜为900~1050mm。

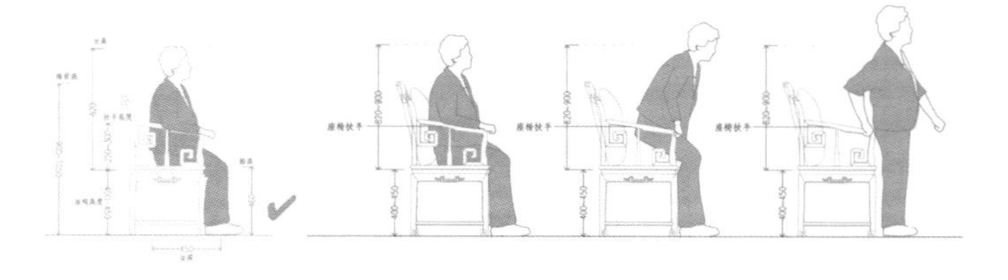

人文关怀

人文关怀在道路设计中体现对环境和人的深切理解和尊重，可以通过以下方式实现：

◎ 艺术装饰：通过雕塑、壁画等艺术作品增添美感，同时传达当地文化。

◎ 口袋花园：花园布局可以提供宜人的行走体验，同时对环境起到净化作用。

◎ 社交空间：创建可以让人停留交流的空间，如公园长椅、小广场等，促进社区内的互动。

◎ 环保设计：利用可持续材料以及雨水收集、太阳能照明等环保技术。

◎ 灵活的空间设计：考虑节日或特殊活动时的空间需求变化，设计可临时调整的设施。

围绕“好社区、好城区”出行服务需求，打造“精致街区”全景关怀网络，实现“精致街区·精致城市”目标愿景。通过均衡引导策略，定制有温度的道路环境。从文化上分区引导，北部衡复片区、中部大徐家汇片区、南部滨江片区彰显不同时代的海派风范。小巧的店招店牌，夜晚围墙上为路人点的那一盏壁灯，文化场馆附近街道的文化元素溢出……无一不是海派文化的徐汇表达。从标准上根据道路的功能定位、交通流量、所经区域、沿线风貌等分类不同级别进行引导。从类型上设置特色要素配置要求，输出示范街道场景。

综合考虑普适设计原则，创造一个既安全又便利的共享空间。这样的设计不仅是物理层面的改变，它还反映了社会对于所有成员的关怀和尊重。打造这样的道路环境需要跨学科的合作，包括城市规划师、交通工程师、景观设计师以及社会工作者等，共同考虑道路使用者的多元需求，创造一个既安全又充满人文关怀的环境。

适老设施设计

沿街店招设计

适老空间街角花园

街区适老休憩空间

第4章

交通与步行友好型社区

“还江于民”字面上的意思是“归还河流给人民”，在城市规划领域，特别意味着将河流及其周边地区重新设计，使之成为市民可以亲水、游憩的公共空间。通过这种方式，河流不再是工业或城市化的边缘地带，而是转变为城市环境中的宝贵资源。

“交通与步行友好型社区”的发展意味着城市滨水区不仅要对居民开放，还要确保易于通过各种交通方式到达，并鼓励步行，从而使市民能够更容易地接触和享受水边的美景和活动。这样的社区设计有助于提高居民的生活质量，并促进可持续的城市发展。

案例解析

上海陆家嘴焕彩水环

总设计师： 钟 律

项目负责人： 张翼飞 汤源涛 陈 英

景观设计： 杨 洋 明 娟 孙小溪 刘 然 邵奕敏
侯丁琳 韩玥枫 吴宛恒 刘萧芃 王宇蕾
唐芙蓉 刘若昕 黄慕晗 贺文雨 杨 斌
岑 莹 胡宗苗 黄桥生 王顺磊 成文茹
何启之 杨文静 陈鹏鹏 张怡琳 陈子薇

建筑设计： 黄一骅 丁 琳

结构设计： 李 翠 王晓钦

桥梁设计： 徐 佳 周兴林 许 骏 李忻轶

水工设计： 王 竞 钱 程

排水设计： 刘婧颖 张 静

电气设计： 杨 梅 王 恩

技术经济： 毕佩蕾 董友亮

建设单位： 上海市浦东新区生态环境局

项目获奖：

2023年度上海市“15分钟社区生活圈”优秀案例评选“漫步绿道”传播示范奖和优秀创意奖

陆家嘴水环位于上海市浦东新区，由浦东主要河道张家浜、洋泾港和黄浦江组成，全长 12.5 公里，与黄浦江滨江步道联通共同形成环状滨水慢行空间。工程总面积约 23 公顷，环绕上海市内环核心，穿越浦东新区四个重要街道，串联了一个城市副中心，两个地区中心，辐射人口达 66 万。是浦东新区重大民生项目和民心工程，也是上海继一江一河贯通工程之后建成的又一高品质规模化滨水慢行空间。

设计遵循“蓝绿为底、亲近自然；步行可及、生态可触；因地制宜、注重细节”的原则，实现“小改造、大优化”，将陆家嘴水环打造成聚焦民心的幸福环、蓝绿交融的生态环、区域发展的能量环、爱心传递的温度环，不断提升人民群众的满意度、感受度和获得感。

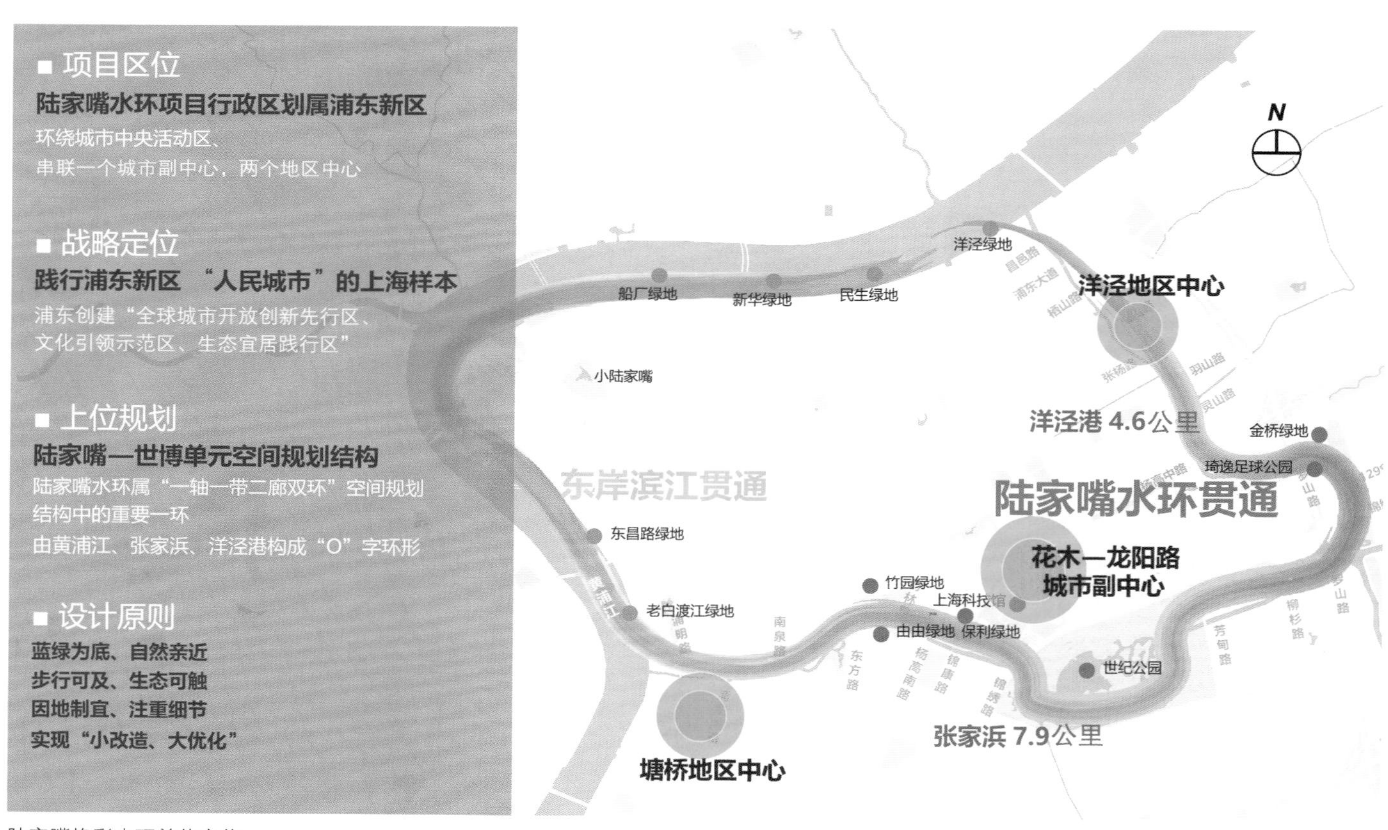

陆家嘴焕彩水环总体定位

陆家嘴焕彩水环滨水景观

社区滨水空间的功能多要素

社区滨水空间在社区设计和城市规划中扮演着重要的角色。这些空间不仅因其自然美景和休闲价值而受到重视，还因其环境、社会和经济等多方面的功能而显得尤为重要。各种功能的融合和平衡是滨水空间规划和管理的关键，它需要各方面的利益相关者积极参与和综合考虑，以确保空间的可持续性和多功能性。

陆家嘴水环位于城市交通、居住商业密集区。诸多复杂的情况，形成了16个复杂的桥下断点和总长度2.34公里的断带。设计通过密集的现场调研，梳理断点与断带类型，提出具有针对性的解决策略。对于重难点，提出水中桥、水上浮桥等创新型解决方案。

陆家嘴水环贯通断点断带设计梳理

多维贯通方式

◎ 16 个桥下堵点的贯通方式分为四种：清障贯通、水中桥、浮桥、平桥。

16个断点：

三大原则

1. 避免管线搬迁
2. 保护河道过水断面
3. 有效利用桥下空间

四大策略（递进式）

1.0 清障贯通

2.0 水中桥

3.0 浮桥

4.0 平桥

16 个桥下堵点的贯通方式分为四种

浮桥——东方路实景

◎ 12 处断带的贯通方式分为三种：既有步道协商贯通、新建步道双侧贯通、产权到河架设栈道单侧绕行贯通。

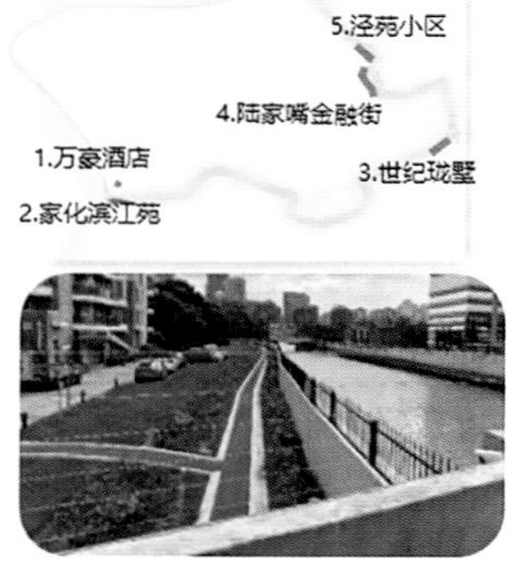

陆家嘴水环贯通 3 种断带：递进式三大策略

陆家嘴滨水景观带

桥下活力空间

水环项目重点打造五个桥下空间，设计目标：从“水泥灰”变多彩活力，“一桥一景”打造“桥下风景线”。

杨高中路桥下空间

昌邑路桥下空间

特色水舞桥

作为水环项目的点睛之笔，水舞桥位于洋泾港与张家浜两条河流交汇处，设计理念为“碧水微澜·舞光弄影”，整体造型似一条灵动的飘带悬浮于水面，桥梁随水而舞，水随桥而动。整体结构为一座双塔单索面斜拉桥，平面线型为C形，全长227米，面积约为1649平方米。夜景灯光以“焕彩、幻境”为主题。“焕彩”与陆家嘴“焕彩水环”主题呼应，水舞桥蜿蜒曲折，整体色调以蓝绿色调为基底，灯光选用淡雅的变色，在河流交汇处带来不一样的视觉体验。“幻境”在灯光流动演绎的基础上，配合大自然的声音和图案灯效果，丰富桥上体验，营造声光融合的水舞桥。在色彩流动的基础上，演化不同的主题。

水舞桥效果

水舞桥效果

坊馨苑

水岸口袋公园

基于步行体系的建立，全线提升绿地品质并增加水岸绿量，形成滨水蓝绿网络。设计上以秋色为脉，营造春花浪漫、夏花绚烂、冬花静谧的水环焕彩色系，打造三季有花、四季有景的水环景观。

以贯通步道为引线，串联七座口袋公园，同时提升两岸绿地能级，形成全线串珠花园。七个口袋公园分别位于四个街道，大小不一，最大的占地8000平方米，最小的不到800平方米，且各具特色，涵盖科普教育、亲子互动等主题和功能。同时为了呈现四个街道区域的风貌特点与文化特征，片区和口袋公园的命名均采用公众参与的形式，真正践行了“人民城市人民建，人民城市为人民”的理念。

径羽园

拼图花园

爱心服务驿站

水环新建 5 座装配式驿站，具备卫生间的功能，并设有救护箱、饮水机（提供开水）、售卖机等设施，24 小时对外开放，为市民提供便民暖心服务。

改建 4 座现状公共厕所，选用灰白色竖向装饰格栅对原有公共厕所进行外立面改造，达到简洁美观的效果。

改建现状公共厕所效果图

配套驿站实景

社区花园的自然体验式教育

社区花园的自然体验式教育是一种将自然环境和教育结合的教学方式，它强调在自然环境中的直接体验和实践学习。这种教育形式不仅涉及知识的传授，更重视情感、态度、价值观的培养与环境意识的提升。

社区花园作为一个生态系统，提供了一个理解自然界相互依存关系的平台，有助于培养学习者对生物多样性和生态平衡的尊重，可以观察到植物的生命周期和季节的变化，这鼓励了对自然界循环和可持续性的理解。社区花园的活动可以引发对环境伦理的探讨，公正地对待非人类生物以及如何平衡人类的需求与自然资源的保护。

秘境花园

秘境花园

秘境花园作为水环特色口袋公园节点，位于上海科技馆南侧，总面积为4921平方米。以“特色化、文化定位化、功能叠加化”为目标，结合上位规划的功能定位，在园内增补特色功能，作为城市价值、理念的重要输出场地。

公园主题定位为以生态科技科普为特色，营造一处城市绿色科普空间微平台，借助科技策略，通过寓教于乐的方式，营造自然科普的探秘花园。主题设置昆虫旅馆、蛹形艺术廊架、健身设施、棋桌等，以满足大家探索自然和休憩的需求，将科学和自然结合，为市民、游客提供有趣的科学知识和互动体验。

秘境花园

秘境花园夜景效果

植物配置方面，保留场地内原有长势良好的乔木（多为常绿乔木香樟及广玉兰），局部增加秋色叶乔木娜塔栎，延续水环特色风貌，植物设计以增加中下层耐阴花卉为主，呼应秘境花园的主题定位，并通过观赏草和蜜源植物配合景观小品中的昆虫旅馆，为昆虫提供栖息地和食物等，打造一个多色彩、多感官并具有科普意义的公共景观空间。

秘境花园的打造旨在拉近人与自然环境之间的关系，尽可能地为人们提供与自然环境更近距离的机会，为市民提供更有趣的室外互动亲子空间、休闲娱乐和交流的共享空间。

秘境花园昆虫旅馆节点

小规模干预下的大影响

社区空间小规模干预下的大影响这一概念与“边缘效应”类似，它侧重于一系列小的、看似微不足道的正面改变可以累积起来，产生显著的总体影响。在社区发展中，小规模干预可能指的是针对特定群体的定制项目，如社区花园、街头艺术或临时社交活动空间。

项目虽然规模不大，但可以促进社区成员之间的沟通和合作，激发社区的自组织能力，进而对社区的社会结构和文化产生深远的影响。行为经济学中的“助推理论”也与这一概念相关。它主张通过微小的、非强制性的改变来助推个人做出更好的决策。

5大项目实施特色：

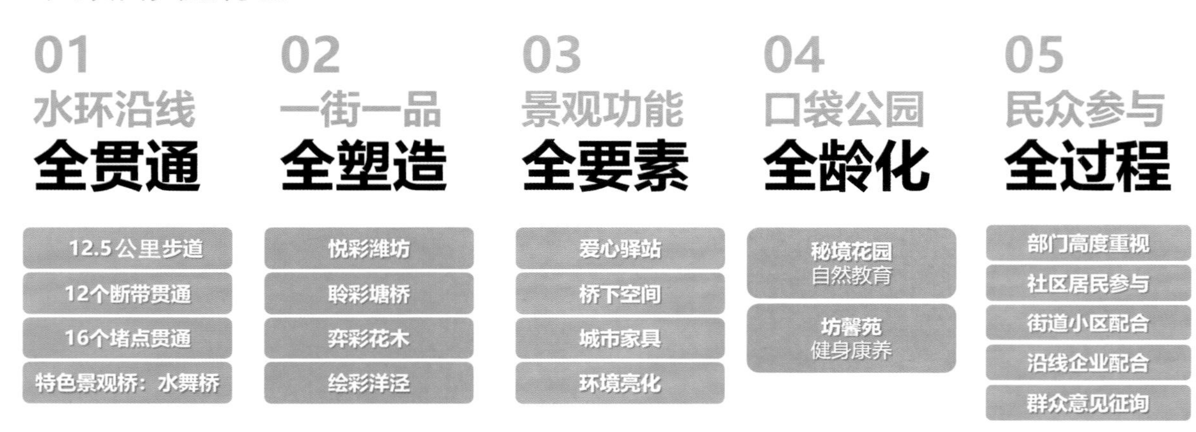

包容性设计的探索

安居乐业是人民幸福最重要的表现形式，安居是人民群众幸福的基点，要牢牢抓住安居这个基点，让老百姓住上更好的房子，再从好房子到好小区、好社区、好城区，进而把城市规划好、建设好、治理好，为人民群众创造高品质的生活空间。

——住房和城乡建设部党组书记、部长倪虹

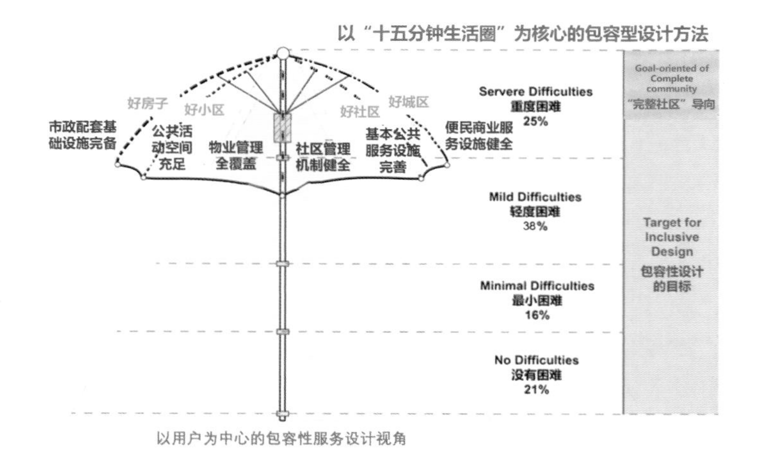

以用户为中心的包容性服务设计视角

公开征集·街道命名

为更好地贯彻落实水环建成后属地化管理主体责任，2023 年 5 月，由浦东新区生态环境局牵头相关部门以及水环工作组、设计等单位，对照四个街道行政划分涉及水环区域规划定位的“临江”“智慧”“科艺”“生态”“科体”“乐居”六大场景营造，以及规划分段“四季有景，三季有花”的风貌特征，结合各街道文化特征，确定了命名规则，即“规划统筹，顶层引领；彰显特色，传承文脉；征集民意，群策群力”。

通过水环工作组会同设计单位和四个街道，将街道推荐的命名和设计单位报送的命名反复推敲、取舍融合，进一步规范和调整命名赋予内涵的用词，使其既能体现街道分段位置，又能展现区域分段内涵特色，更能被附近的居民（市民）理解、接受和记忆。

最终，结合体现各自区域风貌特点与文化特征的要求，新区决定选取“陆家嘴焕彩水环”中的“彩”字作为重点字，既能体现水环整体设计“四季有景，三季有花”的色彩基调，又可达到命名的统一性。

专题会议、群众征询

◎ 专题会议

区领导高度重视水环项目，聚焦问题合力推进。区政府主要领导专题听取方案汇报 3 次，先后 5 次赴水环现场调研指导，区人大领导先后多次赴现场检查督导，生态环境局先后 12 次召集区发展改革委、规划和自然资源局、财政局、建设和交通委等部门专题研究水环方案编制、资金通道、投控管理、项目采购等疑难问题。成立由区建设和交通委（重大办）、生态环境局、规划和自然资源局等部门及街道组成的水环工作专班，梳理问题清单 45 项，做到挂图作战、逐一销项；召开 20 余次局层面工作例会，聚焦腾地、清障等重难点问题，研究解决对策。

◎ 群众征询

水环具有点多、线长、面广等特点，建设方案既要体现不同受众面的需求，又要展现不同区域特色，为将建设方案做优做细，水环广泛征求群众意见。

（1）问计于专。先后约 15 次牵头召集区发展改革委等相关部门、街道（企业）以及邀请市局行业条线，汇报水环规划设计方案，听取专家意见。

（2）问计于民。充分与岸线单位沟通对接，方案不断优化完善。配合协助街道，建立宣传、告知的公众参与机制，将建设方案发送 4 个街道广泛征求居民意见，并与水环沿岸 70 余家单位（小区）方案对接，口袋公园的命名都来自于 4 个街道居民百姓意见的征集汇总。经不完全统计，共走访约 195 次。

（3）问境于需。会同街道排查水环周边环境治理 135 处，做到与工程建设同步提升建设，打造区域新亮点。

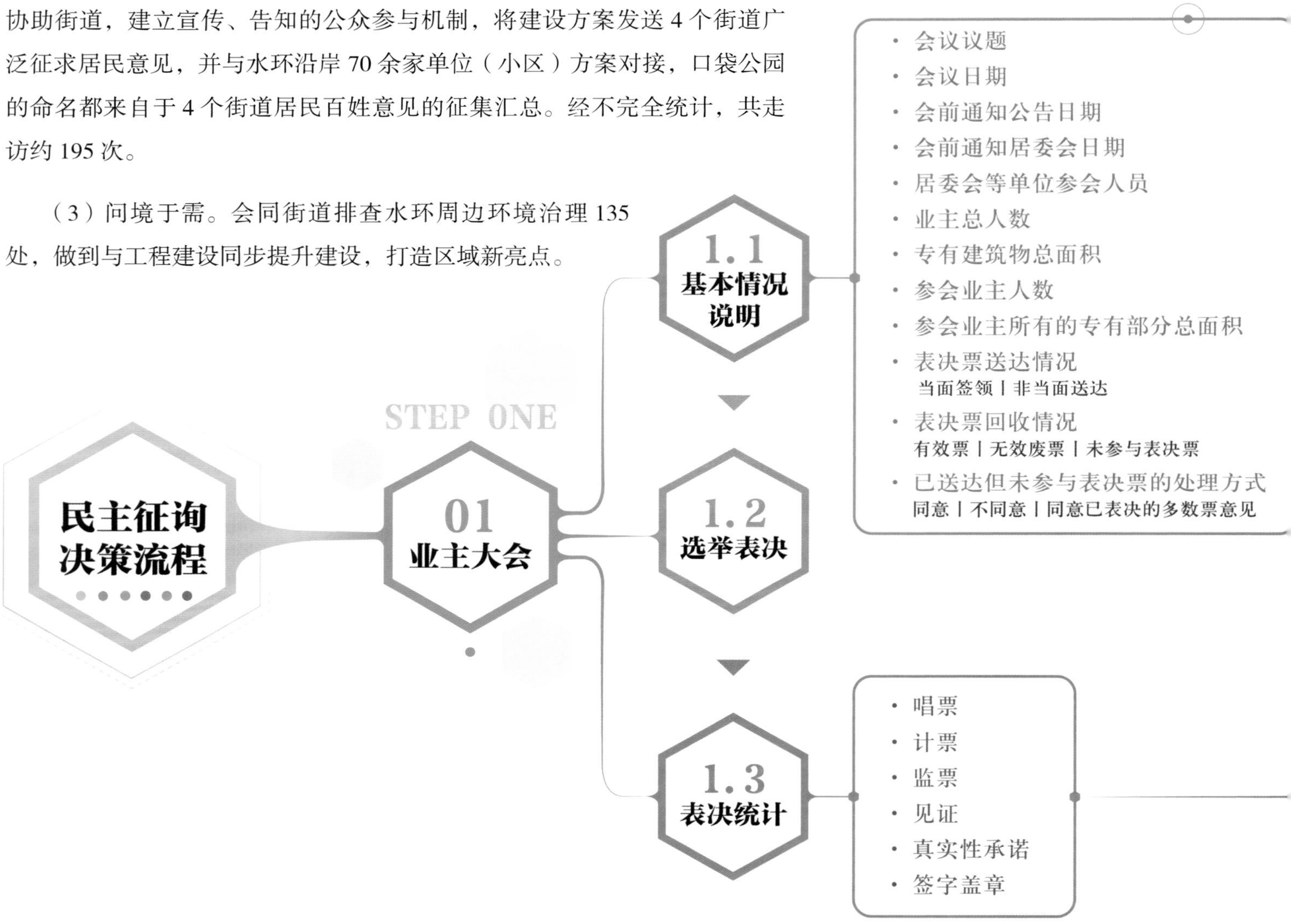

民主征询决策流程

STEP ONE

01 业主大会

1.1 基本情况说明

- 会议议题
- 会议日期
- 会前通知公告日期
- 会前通知居委会日期
- 居委会等单位参会人员
- 业主总人数
- 专有建筑物总面积
- 参会业主人数
- 参会业主所有的专有部分总面积
- 表决票送达情况
  当面签领 | 非当面送达
- 表决票回收情况
  有效票 | 无效废票 | 未参与表决票
- 已送达但未参与表决票的处理方式
  同意 | 不同意 | 同意已表决的多数票意见

1.2 选举表决

1.3 表决统计

- 唱票
- 计票
- 监票
- 见证
- 真实性承诺
- 签字盖章

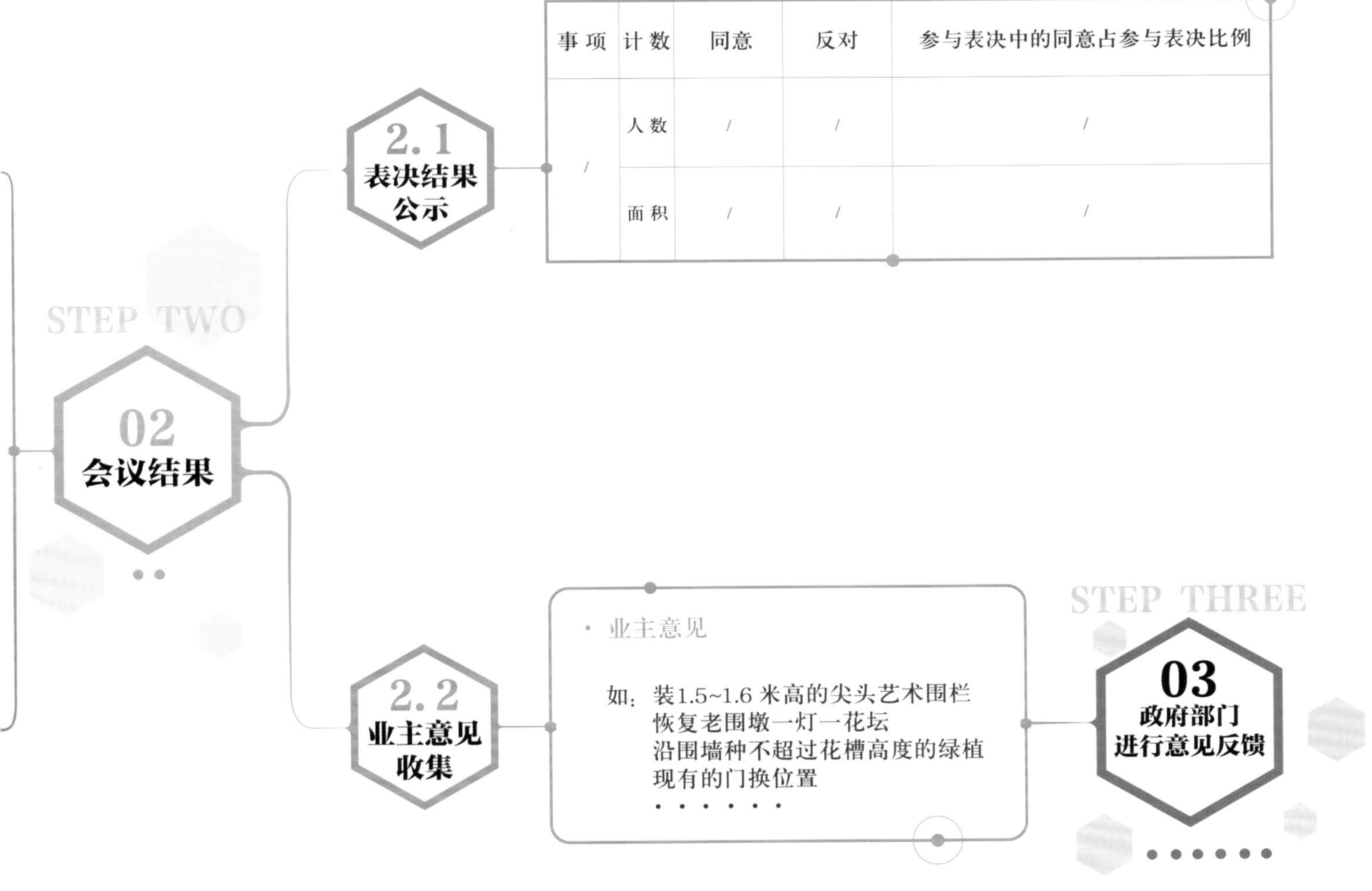

事项	计数	同意	反对	参与表决中的同意占参与表决比例
/	人数	/	/	/
	面积	/	/	/

第5章
艺术与创意融入人文社区

艺术与创意活动能够表达社区的独特性，通过公共艺术装置、街区壁画、社区剧院和音乐会等方式，加深居民对社区的归属感和认同感。这样的文化表达能够增强社区内部的联系和凝聚力。融合艺术与创意的人文社区，建设有灵魂、有温度、有故事的居住环境，这样的社区能够激发居民的情感共鸣，也能让艺术与创意成为日常生活的一部分。伴随艺术教育与个人成长，也有助于形成终身学习的习惯，并鼓励人们对社会问题进行反思。

本章节供图：黄浦区规划和自然资源局

案例解析

万家灯盏，平凡生活的可持续
——上海 2023 城市空间艺术季黄浦展区

指导单位： 上海市规划和自然资源局
上海城市公共空间设计促进中心

主办单位： 黄浦区人民政府

承办单位： 黄浦区规划和自然资源局
黄浦区外滩街道
黄浦区半淞园路街道

协办单位： 黄浦区委宣传部
黄浦区教育局
上海市公安局黄浦分局
黄浦区生态环境局
黄浦区建设和管理委员会
黄浦区体育局
黄浦区绿化和市容管理局
黄浦区地区工作办公室
黄浦区瑞金二路街道
黄浦区淮海中路街道
黄浦区打浦桥街道

总策展人： 钟　律

执行单位： 上海市政工程设计研究总院（集团）有限公司
上海设计之都促进中心
同济大学设计创意学院

合作媒体： 澎湃新闻、人民网、哔哩哔哩、看看新闻、
“上观新闻道”传播示范奖和优秀创意奖

2023 上海城市空间艺术季
黄浦展区 主视觉

传播韧性与生态的价值理念

2023上海城市空间艺术季，更加关注城市的生态问题。以“共栖”为主题，共同探讨在人口高密度、资源紧约束的条件下如何建设宜居、生态安全、韧性的现代化国际大都市。黄浦展区积极回应关于“共栖”的思考，选取外滩街道、半淞园街道中的多个场景，以“万家灯盏·平凡世界的可持续”为主题，围绕低碳、绿色、生态等关键要素，综合探索高密度城区在生态优先、低碳发展、安全韧性方面的实践方案。

“韧性城市”是未来城市发展的内生驱动，旨在构建平等的发展机会、多元的文化表达、包容的价值取向和健康的社会发展，以此为基础鼓励社会创新，促进社会人居和谐共生，了解城市的发展历程和人文维度。

“万家灯盏”的策展理念，旨在以“韧性城市”的理念，探讨每一个人对于零碳生活的点滴参与，针对艺术与环境的可持续发展、物质生活、新能源和未来生态等话题，用有限的资源创造无限的循环，运用城市化进程下衍生的大量废弃物进行设计，引起公众关于艺术“通过生态形式，呈现城市韧性”的联系。展览以“1+1+N”的策展理念，展现一种绿色理念思维，探索一次共情创作方式，呈现多元流量传播载体，运用独特的艺术方式，聚焦城市的公共生活，引起大众对于环保主题的重视、兴趣并参与，培养可持续性创造力。

“万家灯盏”同时以城市生态问题为切入点，联合外滩街道的多个社区开展公共活动。展览所在的外滩街道2022年在山北街区开展了街区更新行动规划，协调规划、房管、绿容、精细化办等多部门，系统推进一街一路、口袋花园和老旧小区美丽家园等一系列工作。尤其是山北街区、苏州河滨水绿带展区沿苏州河岸有着丰富的历史建筑与特色建筑资源和风景优美宜人的慢行滨水步道。在城市更新的过程中，通过改造与优化的设计已经形成了环境优美与生活舒适的美好社区环境。此外，低碳理念植入也利用沿街小微公共空间打造成独具特色的口袋花园。展览通过“大家共创计划”共同探索“韧性社区”价值，传播生态环保的价值理念，塑造可持续的生活方式。例如选择绿色出行来减少碳排放；减少使用一次性杯子、餐具和塑料袋，选择使用可持续的材料来代替；减少能源消耗，使用可再生能源，以减少对自然环境的破坏；栽种一些有益的植物来提高空气质量；减少垃圾污染，合理分类处理垃圾，保护自然环境的生命力；关注环保特色的艺术品、科技产品、设计作品；参与环保相关的活动和讲座，更好地了解可持续环保生活的重要性和实践方法等。

此外，展览还设计了漫步“一江一河”环保路线，引导公众阅读“韧性城市”，领略生态城市的绿色之美。在“韧性规划”视角下，了解城市更新的建设治理，阅读人文城市的历史故事。

外滩街道——山北街区城市更新后的街区环境

外滩街道——山北小区城市更新后的社区环境

策展词

灯盏花随风吹拂，
在荒野中默默地生长、绽放……
只为照亮那些迷失在黑暗中的旅人。

灯益花，
让暗夜寻找到生命的力量。

如今，
成千上万的家庭亮起了灯盏……

点亮世界的每一个角落，
用行动呼唤美好，
用环保延续生命，
让我们的社区成为一个充满光明的家园。

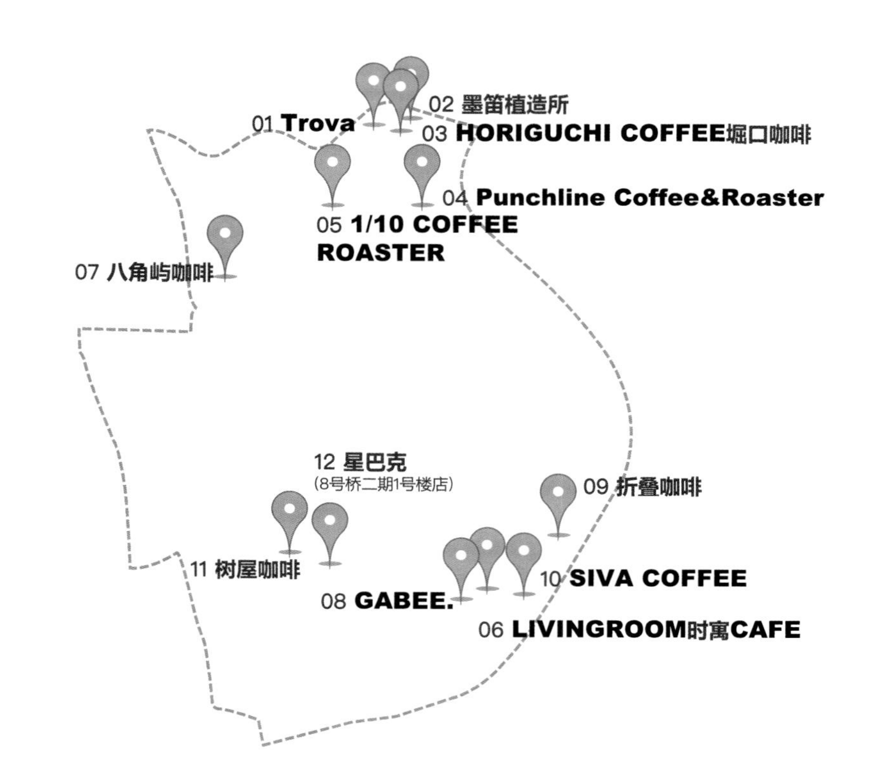

《花时》1

《花时》2

社区角色与城市艺术参与

城市艺术参与也是对“审美化”的思考，它让人们思考什么是美，以及美应该在城市环境中扮演什么样的角色。社区角色与城市艺术参与的哲学表达是多层次和多维度的，它涉及个体与集体，私人与公共，以及艺术与日常生活的多种动态关系。通过这些互动，城市艺术参与能够反映出社区的活力，以及不断变化的城市文化和身份。

艺术从来不是艺术家单方面的表达，艺术的成败不仅是价值，更需要共益。艺术之于社会的表达，更需要构筑在“全过程人民民主”的肩膀上，才能实现“源于生活，高于烟火”的城市铺垫。

韧性与创意、生态、更新有着密不可分的关系，唯有公众参与才能实现作品的更精准传达、艺术生命力的更强韧性。唯有强调多利益相关者的参与，将以往的专业体系与社会环境的完整性、公平性和可行性融合与嫁接，于无声中挪移乾坤，寻求城市活化的最优解。

上海有着丰富的社区资源和多元化的社区活动，公众参与对于社区文化的形成和发展至关重要。公众可以通过参与艺术和文化活动、社区艺术、公共空间设计和创新科技应用等方式，培育公众的创造力，让公众更好地了解和关心社会公共事务，可以对上海的城市形象和人文氛围产生积极影响，从而塑造和提升上海的城市人文精神与文化多样性。

在艺术季的策划中，强调公众参与，重视艺术与社区融合，策划之初，调研先行，通过与社区居民的交流，获取社区的真实需求和感受，让公众参与的策划思路融入活动和设计的各个环节。例如通过垃圾库房改建凌霄环保展馆等创作合作项目，艺术家引导社区居民共同设计和绘制壁画，表达对自然生态和“共栖”状态的关注。此外，通过开展户外环保主题艺术展和举办艺术工作坊，教公众使用废旧材料创作艺术品。通过互动和参与，提高了社区居民的生态环保意识和行动力。

艺术家进入社区，为社区居民创造了一种参与公共艺术的机会，有利于社区的共同体的构建，同时，公众参与的价值引导也将培育出公众的创造力，激发公共空间的活力；创新的设计探索也将引领新的公共生活方式，对上海城市人文精神的塑造和新的时代风尚形成产生积极影响。

宁波路山东北路路口

凌霄花墙绘的效果图

寄养在绿地里的凌霄花

坚定信念，永远向上，这是凌霄花的花语

《生态之光》

再生材料利用与无废社区倡议

再生材料利用与无废社区倡议体现了一种可持续发展的生活观念，强调人与自然环境的和谐共处。这一理念认识到资源有限，鼓励人们重视资源的再利用和循环使用，以减少对环境的负担。在这种哲学下，社区成员被激励消除浪费，创新利用手边的材料，并在日常生活中实践减少、再利用和回收的原则。

无废社区的目标是构建一个循环经济的微观模型，其中几乎所有的物品和物质都能得到有效利用，最小化垃圾的产生。这不仅促进了环境保护和资源的可持续管理，也引导人们反思和改变消费模式，培养对长远环境影响的责任感。通过再生材料利用和无废社区倡议，可以推动社会向更加绿色、健康的未来迈进。

艺术装置点亮灯盏

展览的重点展项《生态之光》，作为地标性艺术装置设置在市中心地标性的公共空间——外滩源中，灯柱结构由建筑回收金属材料焊接，灯罩由环保的3D打印咖啡渣光片构成，灯罩表面的艺术纹理采用了抽象的可持续化学符号——CO_2、O_2、H_2O三种元素的叠加设计，寓意梦想与岁月的交织，丰富多彩的当下由过去延续而来。万家灯盏，照亮一个循环相生的可持续未来，绽放有机生命的美丽。另一件重要的装置作品《传承》，则是一件以黄浦非遗海派绒线编结技艺为形式的地标性艺术装置，位于黄浦、滨江畔梦想驿站。它以回收钢材编结而成，呈现出一朵含苞待放的白玉兰灯盏。设计中融入了“一江一河”的水纹元素和外白渡桥的结构特征，象征着文化和生态的可持续发展。

《生态之光》装置艺术作品，苏州河畔，2023 年 9 月 15 日，摄影 钟律

《生态之光》装置艺术作品夜景

《传承》装置艺术作品，黄浦、滨江畔梦想驿站，2023 年 9 月 18 日

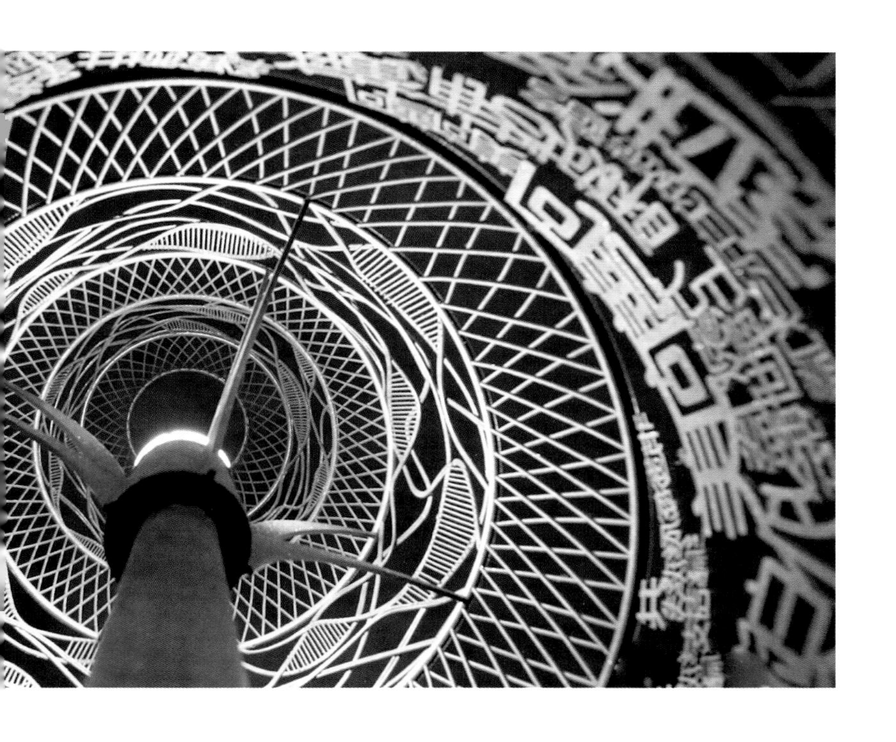

结合在地设计教育

展览还探索了如何让在地的院校深度参与和联动。例如在《旧衣改造》项目中，邀请了黄浦区的在校学生参与设计，包括设计创意高中、本科、硕士、博士（同济黄浦设计创意中学、同济大学设计创意学院）。他们利用废旧闲置衣料进行重新创作，并在开幕式上秀出自己的作品。同时，设计内容充分结合黄浦设计创意特色教育。可持续教育以高中作为原点开始，全阶段由学生设计作品秀，共同接力可持续的理念，微聚成万家灯盏。

《环保生活秀》，苏州河畔，2023 年 9 月 22 日

设计融入日常生活

“向绿而生”是一个基于可持续生活方式思考的创意设计展，表达了设计与人类、自然以及当下生活的关系，还有设计与可持续未来的关系。展览的作品以朽木、咖啡渣、旧衣物和废纸等为材料和设计灵感源泉，勾勒出一个相互连接和成长的行星系统。我们坚信，在当今时代，我们仍有能力与自然和解，通过使用有机材料和可循环材料实现生物降解，实现“永续利用”和“有机繁荣”。我们可以通过选择绿色产品、改变生活方式、激发设计创意，创造一个可持续的未来。咖啡是融入人们日常生活和城市文化中一种独特的存在。每一间咖啡馆都有着属于自己的时间。活动中笔者还绘制了《花时》绘本，展现季节的变换和咖啡馆的不同文化氛围。以四时之花反映城市的文化记忆和独特的咖啡馆文化。有意思的是，在创作过程中从咖啡馆里采集了咖啡渣，以创新的设计思路探索了这一常见食材不同用途的循环利用，让人们在展览中体验到设计创新带来的新的环保、可持续的生活方式。

“向绿而生”可持续生活创意设计展

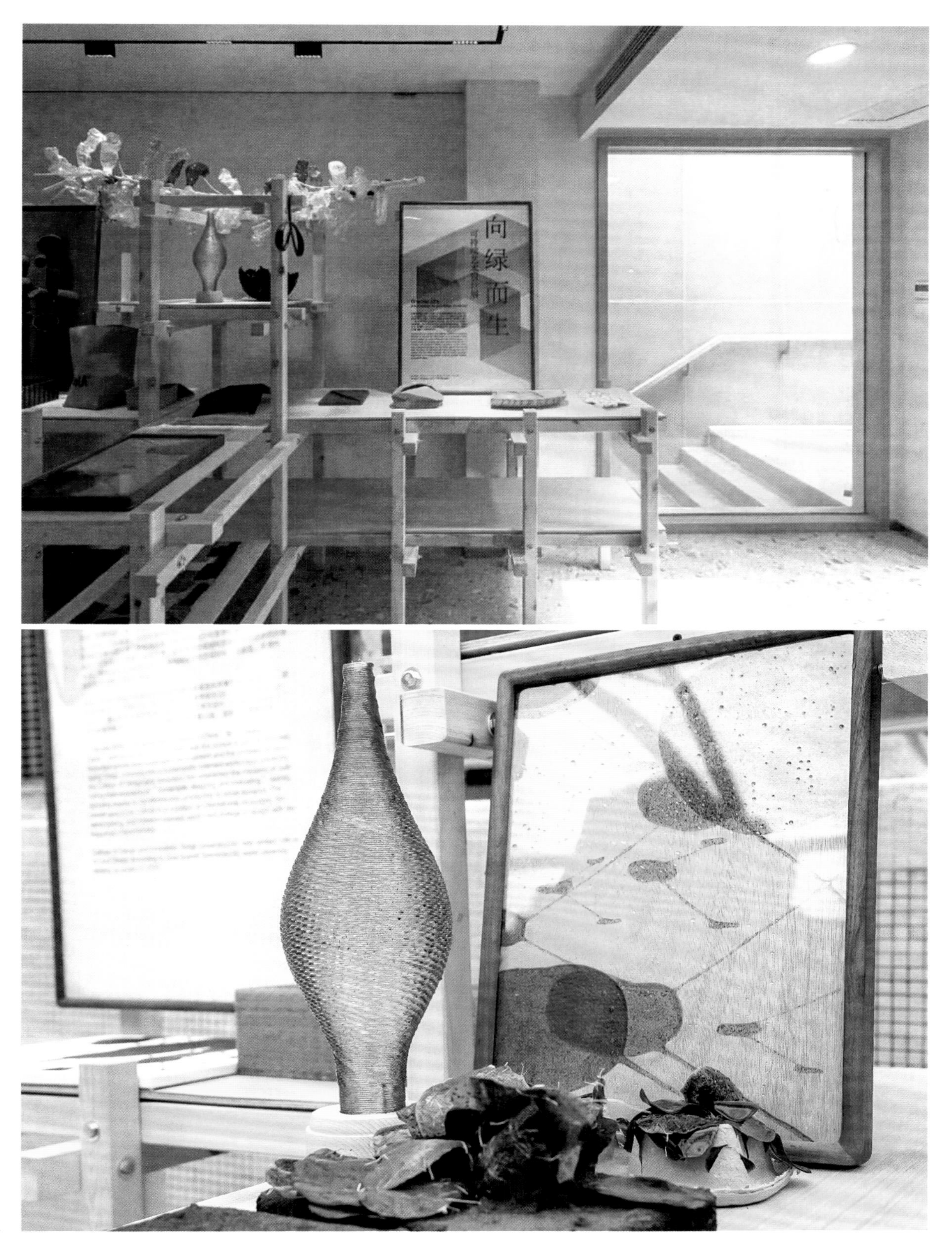

“向绿而生”可持续
生活创意设计展

平凡生活的可持续

共栖计划——如何与大自然共创美好栖息地

您曾想过如何与大自然共同创造一个美好的栖息地吗？邀请您参与共栖计划，一同为公园内的昆虫打造一个温馨舒适的旅馆。利用花园废料的循环利用原则，将废弃的材料转化为昆虫喜爱的栖息地。您将亲自参与设计、搭建和装饰，为各种小小生物提供一个安全、温暖的住所。这不仅是一次为昆虫创造舒适环境的行动，也是一次与大自然亲密接触的奇妙旅程。

“共栖计划”活动，山北小区内，2023 年 10 月 20 日

可香可持——如何创造咖啡渣香氛

喜欢咖啡的香气吗？在可香可持的实验中，您将发现咖啡渣的魔力，我们将向您展示如何将咖啡渣转变为高质量的香氛原料。通过学习掌握混合和调配的技巧，创造出属于自己的独特氛香，探索咖啡渣的潜力，创造独一无二的香氛，为自己和周围的人带来惊喜。

“可香可持”活动，“乐回”绿享空间，2023 年 10 月 27 日

“塑”造惊喜——如何将塑料变废为宝

怎样将丢弃的塑料瓶子创造出各种美丽的塑料花朵？在“塑”造惊喜的实验室中，我们邀请您以一种创意而有趣的方式，思考如何将生活中的废弃物转化为精美的生活用品。通过参与本次活动，您将深入了解塑料垃圾的处理方法，认识到塑料回

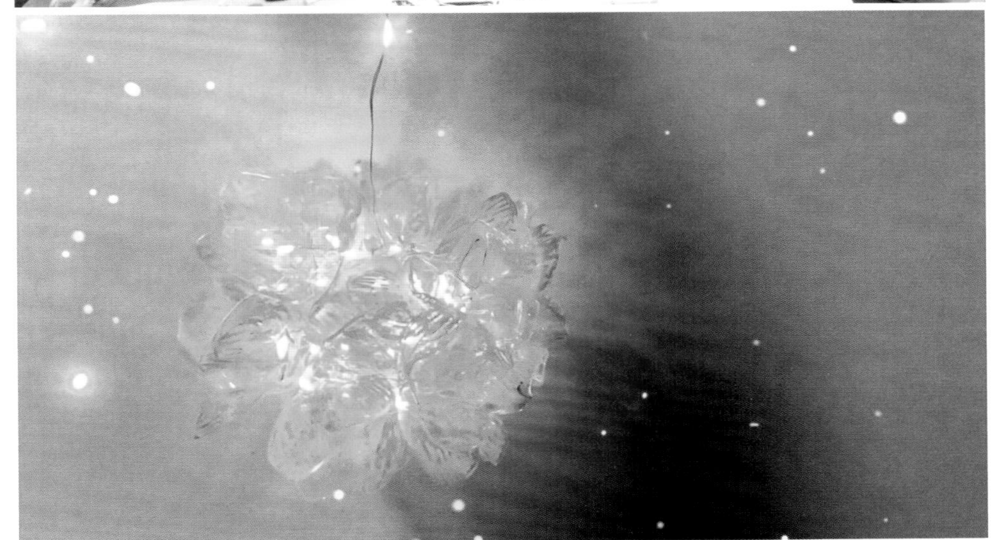

"'塑'造惊喜"活动，西凌营造站，2023 年 11 月 10 日

收和再利用的重要性，并探索如何将可持续原则应用于日常生活中。

从市民生活的视角设计创新，以小见大，通过教育、互动和艺术等手段，引导观众思考和参与可持续的环保行动，从而在日常生活中创造出可持续的环保价值，并通过展示现实生活中的环保实践案例和前沿技术，激发观众的兴趣和动力，推动环保行动成为社会风尚。

创意产业与社区经济的融合

创意产业与社区经济融合的价值共创。创意产业往往依赖于跨领域的合作和知识共享，这与社区经济中的合作精神和共同利益追求相契合。通过共创价值，不仅可以促进经济的增长，还可以增强社区内部的联结和对外的吸引力。

政府和决策者应当制定有利于创意产业与社区经济融合的政策，为创意活动提供催化剂，同时也要考虑到社区尺度的特点和需要，确保政策既能促进创意产业的发展，又能带动社区经济的整体提升。融合创意产业与社区经济需要合理规划和管理，以确保社区的长远利益得到保护，并且让所有社区成员都能从中受益，同时鼓励社区内的多元文化和创新精神的发展。

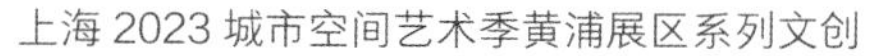
上海 2023 城市空间艺术季黄浦展区系列文创

定制环保杜邦纸包

公共艺术对建设设计之都的创造力培育意义

（1）鼓励创新思维

城市空间艺术通过独特的形式、材料和构思，激发人们的创造力和想象力。这种创新思维的培养对于上海成为设计之都的发展至关重要，可以推动设计师、艺术家和创意产业从业者在设计过程中寻找新的创新点，创造出更具竞争力的作品。

（2）提供创造的场所

城市空间艺术作品可以成为创造活力的场所，吸引大量的创意人才和设计师聚集。这些艺术的存在为设计之都的建设创造了一个有趣而具有活力的环境，激发了创意产业的发展。同时，城市空间艺术作品能够增加城市的美感和吸引力，提升城市形象，促进文旅产业发展，为设计之都的发展提供更广阔的空间和机遇。

定制有机盆栽

（3）促进跨界合作

城市空间艺术作品常常需要与不同的领域合作，比如建筑师、艺术家、雕塑家等，这种跨界合作不仅可以创造出更有艺术价值的作品，也能够促进不同领域的创意交流和合作，对于提高整个设计之都的创造力和影响力具有重要意义。

城市创造力对上海作为设计之都的价值贡献是多方面的，包括推动创新思维、提供创造的场所、增加城市的吸引力和促进跨界合作等，都有助于上海成为一个具有国际影响力的创意产业中心。

城市创造力对上海未来城市可持续性建设

（1）创新经济发展

上海作为中国的经济中心城市，需要不断进行经济创新，推动产业升级和转型。城市创造力可以催生出新的商业模式、技术创新和创业企业，为上海的经济发展注入新的动力。

定制环保纸《花时》明信片

（2）社会创新与公共服务

城市创造力可以促进社会创新和社会进步。上海作为一个多元化的城市，需要在社会领域进行创新，解决人口老龄化、教育公平、社会安全等问题。城市创造力可以激发社会创新的活力，推动社会公益事业和社会企业的发展，并促进社会公平和社会和谐。

（3）环境保护与可持续发展

城市创造力可以推动上海环境保护和可持续发展的实现。通过环境技术创新的引进和应用，上海可以减少环境污染，提高资源利用效率，推动低碳经济发展，从而实现城市的环境可持续性。

（4）绿色城市空间规划与建设

城市创造力可以推动上海的城市空间规划和建设的创新。通过绿色建筑和智能化城市设施的引入，上海可以提高城市的舒适度和可用性，创造更宜居的城市环境。

上海 2023 城市空间艺术季黄浦展区系列文创展示

本章节供图：上海市黄浦区规划和自然资源局

在一个由创新定义的全球化时代，一个世界级城市需要一批善于创新的市场主体和专业人才来聚集。文化是一个民族凝聚力和创造力的重要源泉，也是一座城市最鲜明的气质和品格。有了文化，城市才有底蕴、灵性和气质，才具有强大的生命力、竞争力和吸引力。通过经济创新、社会创新、治理创新和城市生态空间规划的创新，上海可以实现经济、社会和环境的协同发展，建设一个更加繁荣、宜居和可持续的城市。公共艺术是一种将艺术融入公共空间中，为大众提供艺术体验和互动的方式。在平凡生活中，公共艺术可以聚焦于环保实验室，并与城市更新和创意城市中的经验分享相结合。

城市更新是城市这一有机生命体新陈代谢的过程，城市的扩张总有极限，但城市更新却没有止境。以探索人与自然共存的局面，重点突出生态价值的重要性，并全面探索城市治理革新，用“价值”重构“城市”为真实的社会与真实的人而设计。

钟　律

2024 年 5 月 13 日